HENRI ATLAN

MYLÈNE BOTBOL-BAUM

Dos Embriões aos Homens

IDÉIAS & LETRAS

DIRETOR EDITORIAL:
Marcelo C. Araújo

EDITORES:
Avelino Grassi
Márcio F. dos Anjos

TRADUÇÃO:
Leandro Neves Cardim

COORDENAÇÃO EDITORIAL:
Ana Lúcia de Castro Leite

REVISÃO:
Bruna Marzullo
Eliana Maria Barreto Ferreira
Leila Cristina Dinis Fernandes

DIAGRAMAÇÃO:
Simone Godoy

CAPA:
Vinicio Frezza/Informart

Coleção Bio & Ética, dirigida por Elma Zoboli, José Eduardo de Siqueira e Márcio Fabri dos Anjos

* Revisão do texto conforme o Novo Acordo Ortográfico da Língua Portuguesa, em vigor a partir de 1º de janeiro de 2009.

Título original: *Des embryons et des hommes*
Presses Universitaires de France, 2007
6, avenue Reille, 75685 – Paris
ISBN 978-2-13-054282-7

IDÉIAS & LETRAS

Editora Idéias & Letras
Rua Pe. Claro Monteiro, 342 - Centro
12570-000 Aparecida-SP
Tel. (12) 3104-2000 - Fax (12) 3104-2036
Televendas: 0800 16 00 04
vendas@ideiaseletras.com.br
http//www.ideiaseletras.com.br

Dados Internacionais de Catalogação na Publicação (CIP)
(Câmara Brasileira do Livro, SP, Brasil)

Atlan, Henri
Dos embriões aos homens / Henri Atlan, Mylène Botbol-Baum; tradução Leandro Neves Cardim. - Aparecida, SP: Editora Santuário, 2009. - (Bio & Ética)

Título original: Des embryons et des hommes.
Bibliografia.

ISBN 978-85-7698-046-9

1. Embrião humano - Aspectos morais e éticos
2. Embriologia humana - Aspectos morais e éticos
3. Bioética 4. Reprodução humana - Aspectos morais e éticos
5. Vida - Origem I. Botbol-Baum, Mylène. II. Título. III. Série.

09-08226 CDD-612.646

Índices para catálogo sistemático:

1. Embrião humano: Fisiologia humana 612.646

Liberté • Égalité • Fraternité
RÉPUBLIQUE FRANÇAISE

Cet ouvrage, publié dans le cadre de l'Année de la France au Brésil et du Programme d'Aide à la Publication Carlos Drummond de Andrade, bénéficie du soutien du Ministère français des Affaires Etrangères et Européennes.

« França.Br 2009 » l'Année de la France au Brésil (21 avril – 15 novembre) est organisée :

– en France, par le Commissariat général français, le Ministère des Affaires Etrangères et Européennes, le Ministère de la Culture et de la Communication et Culturesfrance;

– au Brésil, par le Commissariat général brésilien, le Ministère de la Culture et le Ministère des Relations Extérieures.

Este livro, publicado no âmbito do Ano da França no Brasil e do programa de auxílio à publicação Carlos Drummond de Andrade, contou com o apoio do Ministério francês das Relações Exteriores e Europeias.

"França.Br 2009" Ano da França no Brasil (21 de abril a 15 de novembro) é organizado :

– na França, pelo Comissariado geral francês, pelo Ministério das Relações Exteriores e Europeias, pelo Ministério da Cultura e da Comunicação e por *Culturesfrance*;

– no Brasil, pelo Comissariado geral brasileiro, pelo Ministério da Cultura e pelo Ministério das Relações Exteriores.

Sumário

Introdução

"A liberdade é a condição ontológica da ética, mas a ética é a forma refletida que assume a liberdade."

M. Foucault, *Ditos e escritos*, t. IV.

O futuro da reprodução e o estatuto da maternidade

Desde as primeiras civilizações, o risco da reprodução estruturou as relações homem-mulher nas construções sociais que ultrapassam os determinismos biológicos dos corpos. Perante a lógica sincrônica da evolução das técnicas de fecundação *in vitro*, tudo se passa, para aqueles que se opõem a isso em nome da natureza, como se o encontro em biologia do materialismo e do aleatório tivesse privado o sujeito da irredutível singularidade de seu nascimento. Mostraremos que esta inferência conduz a uma sequência de falsos argumentos que torna responsável a factualidade biológica de uma representação desvalorizada da humanidade. A questão da procriação se confunde com aquela da filiação ou, antes, da reprodução.[1] As

[1] Marcella Iacub. *Le crime était presque sexuel.* Paris: EPEL, 2002.

técnicas de reprodução assistida são percebidas como ameaça ao aleatório do nascimento. A regulação dos nascimentos se oporia a uma forma de eleição que, transformando o acaso em necessidade, abriria o mundo a um regime de indeterminação radical, de contingência absoluta. A tensão aparente entre a plasticidade radical da biologia e o determinismo genético é percebida como um paradoxo que parece objetivamente reificar a representação do humano. Essa confusão leva aos argumentos mais contraditórios sobre a legitimidade ou não de manipular o embrião, unidade individuante, o que arriscaria transformar *a eleição biologizada do nascimento* (o momento do encontro de dois gametas) em vestígio de indeterminação e de incerto. Colocaremos aqui com Henri Atlan que a questão do embrião pode dificilmente ser pensada no quadro do binarismo clássico da razão e exige um *pensamento da complexidade* que não necessita de humanizar o material genético.

O ensaio de Henri Atlan resume a reflexão elaborada em sua obra anterior ao nos lembrar que tudo o que é próprio à espécie humana não é um risco para a humanidade. Ele tenta desfazer o mal-entendido sobre o fato de que nossos genes reduziriam a nada nossa liberdade e nos convida a repensar a noção de liberdade, não no quadro da ontologia cartesiana e dualista do homem-máquina, mas no quadro do monismo espinosano. A questão da responsabilidade científica está desde então ligada a uma reflexão sobre a validade do quadro epistemológico em que se pensa a questão do *estatuto do embrião*. A diacronia deste quadro de pensamento permite questionar os argumentos afetivos ou catastróficos ligados a esta pesquisa, ao preocupar-se em separar a multiplicidade dos possíveis de uma validação ética causalista. A exigência para com o discurso ético é se colocar em diálogo com as hipóteses científicas. Henri Atlan lembra, todavia, que a única finalidade admissível para toda intervenção técnica sobre um indivíduo humano em curso de desenvolvimento deve permanecer no quadro terapêutico. Ele exclui o meliorismo a partir do momento em que visa a instrumentalização das pessoas de maneira irreversível. A terapia genética em células germinais, na era da biologia pós-genômica, coloca com efeito novos desafios quanto à capacidade de distinguir entre eugenismo privado e eugenismo positivo de fabricação.

O problema ético mais fundamental concerne o laço biológico entre genes e embriões em um contexto em que a sexualidade e a maternidade, em suas dimensões sociais, são minimizadas. Um diálogo necessário entre ciências biomédicas e representações sociais deve ser retomado sem ingenuidade quanto a seu impacto sobre representações da maternidade e da reprodução que, tendo perdido todo caráter de evidência, se fixa sobre o senso comum. A responsabilidade de decidir de maneira pragmática que estatuto atribuir ao embrião, sem criar conflitos de interesses entre a mãe e o embrião, necessita inventar novas formas de estruturas familiares. Os capítulos seguintes interrogarão o retorno da questão do estatuto do embrião em nossos debates bioéticos, científicos e biopolíticos. Depois de alguns decênios, as descobertas e as esperanças nascidas da possibilidade de isolar ou, antes, de delocalizar o embrião do útero para as caixas de Pétri modificaram a representação da reprodução. A sincronia dos efeitos da delocalização destas técnicas de fecundação *in vitro* (FIV) até a ectogênese será sublinhada.

O terceiro capítulo apresenta uma análise histórica da fecundação *in vitro* até a clonagem reprodutiva e a problemática da ectogênese, descritas como uma sequência lógica. Assim, o embrião *in vitro,* desde que sai do colo materno, parece muito bem correr um risco ideológico, tomado como refém entre duas problemáticas paralelas, o cuidado do momento de sua individuação e sua legítima comodificação. O embrião torna-se o ícone da filiação sexuada, no momento mesmo em que reprodução e sexualidade e reprodução e gravidez estão em vias de ser separadas. A plasticidade da biologia humana impacta nossas representações da reprodução e da filiação, malgrado o que Mark Hunyadi chama de maneira bastante vaga de *o contexto moral objetivo,*[2] e coloca em desordem nossas opiniões, ao interrogar o essencialismo de nossas representações da filiação. Veremos que os conflitos de interpretação das feministas em torno deste fenômeno já existiam na Renascença, quando se colocou a questão do corpo individual em face do corpo social. A questão prospectiva do útero artificial será analisada em termos de gênero, fragilizando a utopia segundo a qual as técnicas do AMP (Assisted Medical Procreation) teriam por finalidade, enfim, libertar, tecnicamente, as mulheres do determinismo biológico da gravidez, colocando essencialismo e biologismo um contra o outro.

Interrogaremo-nos sobre o impacto que terão essas biotecnologias sobre a representação da finalidade da reprodução ou produção humana. A confusão entre procriação, reprodução e filiação provoca uma crise das representações que acom-

---

[2] Mark Hunyadi. *Je est un clone. L'éthique à l'épreuve des biltechnologies.* Paris: Le Seuil, 2004.

panha necessariamente cada resposta a uma revolução científica. Essa crise nos convida a pensar o corpo e *o que pode o corpo*, não a partir da entidade asexuada que é o embrião, mas a partir do efeito de sua redefinição pelas tecnologias reprodutivas, na interrsubjetividade que se mantém malgrado os fantasmas da autorreprodução na filiação. Colocaremos à prova, assim, a hipótese de Henri Atlan em um diálogo entre feministas construtivistas e maternalistas pela constatação empírica que essas técnicas, se elas não são acompanhadas por um projeto existencial, sempre correm o risco de invadir a integridade do corpo das mulheres. É preciso, então, ouvi-las a propósito deste tema, admitindo que elas não formam uma unidade monolítica. A resposta reguladora deverá ser tão complexa quanto exige a diversidade das convicções, fundando-se sobre o princípio fundamental de que a legitimidade dessas técnicas só vale se ela visa preservar a alteridade, e não apagá-la...

Concluiremos com a ideia de que estas novas técnicas, longe de estreitar o aleatório do nascimento, exigem, em face do alargamento das possibilidades, uma colaboração na reflexão contra a corrente, sobre o risco global que representa a reinvenção da maternidade biotécnica. Longe de transgredir as *leis da natureza* (re-enviando às posições reducionistas do biologismo ou do essencialismo), ela deslocará todos os possíveis, engajando uma liberdade responsável e evolutiva, suscitando nossa imaginação ética.

Mylène Botbol-Baum

1
Dos genes, dos embriões, da espécie humana e da humanidade

Henri Atlan

Introdução

O que é o ser humano? Até que nível ou a partir de que nível de organização o humano é humano? Será que um homem ou uma mulher são humanos no mesmo sentido que uma de suas células? Um gene é humano quando o re-encontramos em outras espécies animais?

As coisas não são mais tão simples como se acreditou durante muito tempo.

Contrariamente ao que ouvimos e lemos frequentemente, o fato de transpor um gene humano em um camundongo não "humaniza" o animal; assim como a transferência de genes de uma espécie a outra não basta para produzir o que chamamos às vezes, erroneamente, de quimeras.

Falar de "patrimônio genético da humanidade" a propósito do "genoma humano" é duplamente confuso e inapropriado. Em princípio, não se trata aí de patrimônio, mas de informação estática, particularmente conservada na memória das estruturas moleculares relativamente estáveis, os DNA, e particularmente modificado de geração em geração cada vez que um novo organismo é concebido e chega à maturidade. Em seguida, o que é assim caracterizado não é a humanidade, mas a espécie *Homo sapiens*, a qual é a única a ter, dentre outras, a capacidade de inumanidade.

Um dos desafios que propõem as biotecnologias é de desembaraçar a genética humana dos bafios de racismo e de eugenismo que sempre tiveram tendência; quando os expulsamos pela porta da frente, retornam pela porta do fundo. A genética e a antropologia contribuíram, todavia, para desmistificar a noção de raça biológica aplicada ao homem. Mas hoje, no lugar de etnias definidas pela cor da pele, traços do rosto ou simplesmente pela história, trata-se de grupos de indivíduos caracterizados por marcadores genéticos particulares que correm o risco de ser atingidos pelo ostracismo, estigmatizados modernos de deficiências físicas ou mentais.

Mas esta tarefa de desmistificação não é tão fácil quanto pensamos porque existem riscos médicos e científicos reais, sem falar dos outros riscos, econômicos e de poder, que tendem cada vez mais a levar a melhor. E toda a dificuldade consiste em analisar e a "desembrulhar" estes riscos médicos e científicos a fim de separá-los das projeções fantásticas que favorecem frequentemente a difusão mal-feita, particularmente triunfalista, ou pura e simplesmente incompleta, dos conhecimentos científicos. Além disso, a biologia atual, especialmente através de suas performances técnicas, tende cada vez mais a fazer explodir representações antigas bem estabelecidas sobre a essência das coisas e dos seres, aí incluídos nós mesmos, a partir de barreiras que se pensava inultrapassáveis entre o vivo e o não-vivo, o humano e o não-humano. A análise desses riscos, com seus prolongamentos filosóficos, éticos e jurídicos, tornou-se, por isso mesmo, ainda mais difícil. Ela exige, ao que parece, uma verdadeira conversão em nossa maneira de reconhecer e de formular os problemas que se põem às interfaces entre biologia e filosofia.

Humanidade dos genes e das células humanas?

Durante muito tempo, o pertencimento biológico à espécie humana e a questão da humanidade ou inumanidade eventual dos comportamentos individuais ou coletivos parecia indissociáveis de fato, senão de direito, na medida em que esta questão pareceu se impor apenas a propósito da espécie humana. Pode parecer que, reciprocamente, toda realidade biológica que caracteriza esta espécie deveria necessariamente ser associada às conotações morais e jurídicas às quais re-envia essa noção de humanidade, mesmo que seja de maneiras diversas, às vezes confusas e controversas.

As realidades biológicas atuais que fazem aparecer as performances biotecnológicas nos mostram cada vez mais que tudo o que é próprio à espécie humana não está necessariamente em risco entre a humanidade ou a inumanidade.

De fato, já o sabíamos há muito tempo. Os debates antigos sobre a dignidade do corpo humano e de suas partes não impediam de considerar as células humanas em cultura como objetos de laboratórios que não punham problemas particulares quanto à sua utilização instrumental. Produtos destacados do corpo humano em condições diversas, especialmente por ocasião de intervenções cirúrgicas, são considerados como tipo de resíduo fadado a ser expulso e eliminado, como a urina, as fezes e também a placenta. Os produtos produzidos por abortos – espontâneos ou provocados –, diversamente qualificados de embriões ou de fetos, constituem problemas que diferentes tradições resolviam considerando-os seja como resíduo, seja, ao contrário, como cadáveres de seres humanos a serem tratados como tais em ritos funerários apropriados.

Os primeiros enxertos de órgãos bem-sucedidos trouxeram novos problemas: Que relação existe entre uma pessoa e seus órgãos? De propriedade ou, antes, de identidade, no sentido em que somos nosso próprio corpo mais do que o possuímos? Mas a partir de que nível de organização esta identidade é dissolvida? Somos cada um desses órgãos isoladamente? E, senão, cada um dos órgãos pode ser considerado um tecido ou células em cultura? A proibição de comercializar o corpo humano e suas partes dá uma resposta implícita a essas questões em forma de compromisso. Nem resíduo utilizável como material,[3] nem corpo humano identificado como uma pessoa, a não-comercialização dos órgãos humanos (e do sangue, em alguns países, como a França) os situa em um entre-dois, donde as questões de inumanidade não serem totalmente eliminadas, ao que parece, quando elas o são em casos de célula em cultura, e ainda mais de moléculas de origem humana, hormô-

[3] Lembremos que, por uma curiosidade do direito francês, os cabelos e o leite humano são tradicionalmente comercializáveis.

nios e outros, preparados e vendidos, particularmente, como medicamentos. Já em 1966, o jurista Aurel David[4] analisava os problemas de identidade postos pelos enxertos de órgãos e os extrapolava imaginando os efeitos de futuros enxertos do cérebro. Estes poriam mais uma vez a questão de uma "sede" corporal da personalidade e da pessoa. Sob a influência da cibernética e das ciências da informação em seus inícios, Aurel David tendia a desmaterializar esta sede e a transformá-la em informação. Ele imaginava, assim, que pessoas identificadas a logiciais poderiam viajar no espaço intersideral na velocidade da luz. Não se sabe se ele acreditava verdadeiramente nesses cenários ou se os utilizava como ficções que permitem tratar de questões empíricas ao generalizá-las pela passagem do limite, assim como: "Um indivíduo cujos principais órgãos, aí compreendido o cérebro, teriam sido substituídos seria ainda a mesma pessoa?".

Vemos o quanto respostas simples a estas questões são tranquilizadoras: se o cérebro é a sede da pessoa, os enxertos e outras intervenções sobre outros órgãos não teriam consequências, enquanto toda intervenção sobre o cérebro ocasionaria uma mudança de personalidade, senão de pessoa. Sabemos que as coisas não são tão simples assim, nem em um sentido, nem em outro. Mas é a mesma necessidade de simplicidade essencial que foi preenchida, por algum tempo, pelas grandes descobertas da genética molecular: uma "essência de homem" em sua totalidade foi localizada em seu genoma por biólogos e

[4] Aurel David. "Nouvelles définitions de l'humanisme". In: N. Winer et J.-P. Shadé (ed.), *Progress in biocybernetics*. Vol. 3, New York, Elsevir, 1966, p. 105-118.

filósofos, fascinados pela simplicidade e universalidade das representações que a imagem do programa genético veiculava.

Os debates da bioética não foram facilitados por descobertas inesperadas (príon, clonagem da Dolly, plasticidade celular etc.) porque faziam aparecer uma complexidade cada vez mais difícil de dominar sob a aparente simplicidade dos esquemas clássicos do paradigma do todo genético. Como é frequentemente o caso na história das ciências, a maioria das descobertas só foi possível pela exploração de técnicas desenvolvidas no quadro desse mesmo paradigma e contribuiu, com isto, para explodi-los.

Porém, durante os trinta últimos anos do século precedente, um tipo de neoperformacionismo foi imposto sobre os espíritos, fazendo crer que tudo já estava aí, no DNA do genoma da primeira célula que constituiria o embrião, depois o feto, a criança, o adulto e o idoso. Tudo estaria aí em potência, porque tudo o que é necessário a esse desenvolvimento estaria inscrito no DNA, o próprio desenvolvimento não passando de uma execução de um programa. Sabe-se, hoje, que isso é falso: fatores epigenéticos contribuem de maneira determinante para com o desenvolvimento embrionário; o genoma desempenha o papel da memória relativamente estática, mais do que de programação dinâmica.

Isso não é impedimento. As questões de bioética (terapia genética, patenteamento dos DNA, células-tronco, xenoenxertos, clonagens) continuaram a ser abordadas a partir das representações clássicas sobre os genes, "essência da vida", e o genoma humano, ao mesmo tempo "santuário" e "patrimônio". Narrações sobre "o DNA como destino" continuam a ser invocadas. Elas estão implícitas em discursos políticos, como por ocasião dos debates da ONU em que são regularmente confundidas a clonagem reprodutiva e a clonagem biomédica, não reprodutiva.

Mas a defasagem da nova biologia, dita "pós-genômica", é particularmente chocante na leitura de certos filósofos contemporâneos. Um dos maiores, Jürgen Harbemas, no ensaio *O futuro da natureza humana*,[5] engaja-se, ao que parece, no debate sobre a *pós-humanidade* que anunciaria as tecnologias do gene. Esse ensaio acompanha, dentre outros, os de Peter Sloterdijk, *Regras para o viveiro humano*,[6] e de Francis Fukuyama, *Nosso futuro pós-humano*.[7] Ainda que as teses sejam muito diferentes, senão opostas, re-encontramos, porém, em todos os protagonistas desse (falso) debate os mesmos pressupostos sobre a quase-todo-potência dos genes como determinantes biológicos dos indivíduos. Resulta daí, naturalmente, como foi dito e redito exaustivamente, que toda manipulação ou modificação dos genes ofenderia não só elementos moleculares importantes do corpo, mas, mais fundamentalmente, o que faria a essência de cada indivíduo, assim como da espécie. Essas análises provocam um questionamento inquieto amplamente retomado a propósito das modificações da *humanidade* que seriam assim induzidas, anúncios de uma pós-humanidade amedrontadora, quaisquer que possam ser, aliás, as finalidades dessas modificações, terapêuticas e benéficas ou de fabricação eugênica mais ou menos *liberal*. Voltaremos a isto.

---

[5] Jürgen Habermas. *L'avenir de la nature humanine. Ver um eugénisme libéral*. Trad. C. Bouchindhomme. Paris: Gallimard, 2002.

[6] Peter Solterdijk. *Règles pour le parc humain*. Paris: Mille et une nuit, 2000.

[7] Francis Fukuyama. *Our post-human future. Consequences of the biotechnology revolution*. New York: Picador, Ferrar, Strauss & Giraux, 2002.

Ora, acontece que, entretanto, os pressupostos biológicos sobre a natureza e as atividades dos genes mudaram consideravelmente. Tudo se passa como se a ciência biológica prosseguisse seu caminho abandonando grande parte dos dogmas de seu paradigma precedente, enquanto estes continuam a alimentar debates de opinião que aparecem totalmente defasados. Isso não quer dizer, evidentemente, que estes debates não devam acontecer, na medida em que eles dizem respeito a juízos éticos e jurídicos sobre tais ou tais biotecnologias e devem, no final das contas, desembocar em normas sociais que a biologia sozinha é incapaz de fundar. Mas os termos do debate e a maneira de colocar os problemas não podem continuar a ser empregados por uma vulgata biológica hoje reconhecida como insuficiente, senão falsa, em que se "deduziriam" conceitos de filosofia moral, tais como aquele de *ética da espécie humana*, por exemplo, por Habermas, ao qual retornaremos.

Genes e embriões

É neste contexto que se põem em termos novos antigas questões sobre a identidade pessoal dos indivíduos e, de maneira mais geral, sobre a natureza da natureza humana. Essas questões se colocam agora a propósito de biotecnologias cujas performances transtornam muito as ideias recebidas que parecem evidentes apenas sobre a base de observações de processos naturais (crescimento, reprodução sexuada, barreiras das espécies, envelhecimento e morte), antes que os artefatos biológicos não façam aparecer a realidade de uma unidade natural mais profunda, em que as barreiras bem estabelecidas são agora transgredidas pelo fato mesmo das leis naturais, e pareçam dever apagar-se progressivamente.

Muitas dessas questões estão baseadas na legitimidade de intervenções técnicas visando modificar genes de seres humanos, assim como no estatuto dos embriões humanos enquanto eles podem ser submetidos a intervenções com um fim médico ou de pesquisa. Lembremos que essas questões de legitimidade, que deram nascimento a esse conjunto híbrido de reflexões que chamamos inapropriadamente bioética, são questões postas à sociedade pelos biólogos, e não o inverso. Isto é o mesmo que dizer que a biologia sozinha não pode trazer respostas, mas a maneira de colocar estas questões não pode ignorar o detalhe das técnicas biológicas e dos debates teóricos sobre a significação das descobertas que as tornam possíveis.

Estas questões são particularmente difíceis no caso dos genes e dos embriões, porque, nos dois casos, os efeitos de modificações eventuais, desejados ou não, podem ser observados sobre pessoas que ainda não existem ou que talvez nunca existam. Contrariamente às questões de ética médica colocadas por intervenções em adultos ou mesmo em crianças, não se trata de considerar aqui a investigação do consentimento, mesmo delegado, de pessoas diretamente atingidas pelos efeitos dessas intervenções.

Essa projeção de efeitos eventuais de transformações tecnológicas sobre uma ou várias gerações virtuais futuras está na origem da maioria dos problemas éticos que colocam as tecnologias do gene e das células embrionárias.

Mas este conjunto de questões foi alargado devido às possibilidades de utilizações e de intervenções em embriões humanos com um fim não procriativo, médico ou de pesquisa. Isso coloca, então, a questão prévia do juízo que fazemos sobre a natureza ou o estatuto de um embrião humano nos diferentes estados de seu desenvolvimento. A legitimidade de intervenções no embrião será evidentemente apreciada diferentemente conforme se trate de uma célula ou de uma massa informe de células mais ou menos diferenciadas, de uma pessoa humana inteiramente à parte. O debate não é novo, já que é ele que anima as oposições sobre o direito ao aborto. Mas a questão do aborto lança mão do direito das mulheres de fazer uso de seus corpos, o qual terminou por trazer esta questão para o interior das democracias, pelo menos no interior de certos limites.

Não podemos evitar a questão do estado de desenvolvimento embrionário a partir do qual estimamos ter relação com uma pessoa humana ou pelo menos com um sujeito de direito ao qual atribuímos uma dignidade ou um respeito tal que sua instrumentalização seria inceitável, em aplicação, dentre outras, à Declaração Universal dos Direitos do Homem.

Além disso, as novas biotecnologias permitem hoje fabricar em laboratórios pseudoembriões sem fecundação que podem, todavia, especialmente sob certas condições de implantação uterina, se desenvolver como embriões. Retornaremos a isto.

O homem-tema dos direitos do Homem

Uma tentativa de resposta, radical e atual, consiste em se perguntar quem é "o homem-tema" dos direitos do homem.

Em que o reconhecemos? Não é, no fim das contas, por causa da forma de seu corpo?

O signo mais vivível, mais evidente, de pertencimento à espécie humana é o corpo humano. O corpo do *Homo sapiens*, com seu rosto, é imediatamente percebido como tal. Mesmo sem investigação científica, ele não é confundido com o corpo de nenhuma outra espécie, nem com o de um robô, mesmo inteligente. A humanidade da espécie, quer dizer, de todos, está concentrada no corpo de cada um, na realidade de sua fisiologia e na aparência de sua forma em que se exprime também a realidade de sua existência social. Esta definição empírica pode servir de princípio regulador para resolver os difíceis problemas éticos que são postos pelas intervenções biomédicas no início e no fim da vida.

Da mesma forma, à questão: "A partir de quando um embrião é uma pessoa?" a biologia não pode dar resposta definitiva. Quaisquer que sejam os critérios biológicos – fecundação, diferenciação do blastocisto com cinco dias, aparição dos esboços nervosos com quatorze dias, etc. – são sempre arbitrários, mesmo podendo ter alguma utilidade.

Antes de procurar um critério de fato, de origem científica, sempre fugidio e de qualquer modo contestável, é preciso aceitar um critério de direito fundado sobre nossa sensibilidade e percepção imediata. Dito de outro modo: nossa capacidade de perceber a forma do corpo humano e em particular de seu rosto – quer dizer, nossa própria forma – em um indivíduo vivo será o critério de encontramos uma pessoa; portanto, não é no fim de uma longa análise científica e filosófica, mas imediatamente por projeção e identificação a partir de nossa própria forma.

Sabe-se que o direito talmúdico considera quarenta e um dias o limiar aquém do qual um aborto não é um aborto, porque o que é expulso não é reconhecido como uma criança. A razão dada consiste em que "tudo o que não tem forma humana não é uma criança".[8]

Dito de outro modo: um indivíduo só é considerado como uma criança, com um estatuto diferente de uma coisa ou de um animal, se chega à forma humana, especialmente seu rosto. Trata-se aí, ao que parece, de uma tradição aristotélica, retomada mais tarde por Averroís, Maimônides e Tomás de Aquino.

Para nós, hoje, mesmo que este limiar possa ser modificado para mais ou para menos seguindo os problemas considerados, o princípio que implica uma atitude pragmática não substancialista pode permanecer o mesmo. Ou melhor, é nosso reconhecimento de uma forma e de um rosto humano que nos faz atribuir o estatuto de uma pessoa, e não a pesquisa de propriedades intrínsecas que testemunhariam uma natureza da pessoa humana. É interessante assinalar que ao menos uma legislação, a legislação australiana, escolheu este critério para definir o que ela considera como um embrião humano. Esta posição tem a grande vantagem de fornecer um critério bastante eficiente para resolver os problemas de limite. No que diz respeito ao embrião, isto nos conduz, de certo modo, a aceitar a ideia de um pré-embrião que se trataria apenas de um amontoado de células e em que nossa sensibilidade imediata que não vê aí uma pessoa humana poderia ser assumida – evidentemente, no que diz respeito a seu presente, excluindo toda finalidade de fabricação relativa a uma pessoa futura que resultaria eventualmente de seu desenvolvimento.

[8] *Talmud de Baylone*. Nidda, 21 a.

Este mesmo critério também é eficiente em relação, por exemplo, ao respeito concedido ao cadáver. É a forma humana ainda presente, à qual é atribuída aqui uma dignidade de pessoa.

Este mesmo critério se estende também muito facilmente ao problema, que se coloca agora cada vez mais, da experimentação animal. Aí também, quando se é obrigado a fazer experiências em um animal, nossa sensibilidade é determinada por nossa identificação mais ou menos grande com os diferentes objetos de experimentação possível. O biólogo considera que é muito mais "humano" trabalhar em células em cultura, mesmo que elas sejam de origem humana, do que trabalhar em animais. Por quê? Porque esses animais parecem exteriormente – do ponto de vista de nossa percepção imediata e não científica – muito mais com os homens do que com células. Trata-se, aí, de uma identificação relativa do pesquisador humano com seu objeto de experimentação, e o problema torna-se mais difícil se a experimentação comporta riscos graves, já que no fim dela esses objetos de experiência – células ou animais – são frequentemente destruídos, ou, como se diz na literatura especializada, *sacrificados*, quando se trata de animais. Vale repetir que esta identificação não tem nada de muito científico: é uma identificação imediata de simpatia.

Identificamo-nos mais facilmente com um macaco do que com um camundongo, e mais com um camundongo do que com uma rã, e mais com uma rã do que com uma mosca, e mais com uma mosca do que com células em cultura, mesmo se essas células forem de origem humana. Alguns querem encontrar na existência de uma consciência um critério de distinção que permitiria, por exemplo, diferenciar os grandes macacos dos outros animais. Mas esse critério é tão discutível quanto os outros, pois a aparição da consciência é um fenômeno progressivo tanto na filogênese quanto na ontogênese. De fato, o sentido de nossa sensibilidade imediata trata-se de finalmente re-encontrar e assumir, mais do que procurar uma ilusória definição essencialista da natureza da pessoa humana, seja ela potencial ou real.

É assim que a verdade científica sobre a natureza da natureza não é sempre necessariamente a mais pertinente para as questões do direito e das pessoas. Isto não quer dizer, inversamente, que esta verdade científica possa ser ignorada ou negligenciada. Não se trata, sob pretexto de defesa da moral, de aceitar um retorno às confusões da Idade Média e a um obscurantismo, mesmo enfeitado com as virtudes da religião. Não se trata de ignorar as virtudes das ciências e das técnicas sob pretexto de que elas não têm nada a nos dizer sobre o "como viver". Palice diria sem dúvida que não se podem colocar os problemas sem saber como eles se colocam verdadeiramente. É, então, a um vai-e-vem sem cessar renovado que devemos nos dedicar, vai-e-vem entre a pesquisa objetiva das verdades científicas sobre as realidades da natureza, por um lado, e cuidado da justiça e da dignidade, por outro, mesmo sendo bem mais difícil hoje que outrora, já que a ilusão de uma unidade inteiramente pronta entre verdade e justiça, entre o verdadeiro e o bem, foi dissipada.

Só visamos, até agora, a pessoa humana na sua generalidade. O que se passa com sua individualidade, com a unicidade de cada pessoa, sua singularidade?

Existe a mesma tentação de procurar uma definição objetiva. E é ainda em direção à genética que nos voltamos para procurar a assinatura concreta desta unicidade. Mas há aí um perigo certo, porque a individualidade genética, se é indiscutível, não é, todavia, própria do humano. A individualidade genética não é necessariamente o suporte de uma pessoa humana: ela implica a possibilidade de individualidades impessoais. O uso das marcas genéticas não deve induzir ao erro. Trata-se, precisamente, de marcas, ou melhor, de traços, que, como as impressões digitais, assinam uma individualidade sem a determinar, nem mesmo ser o suporte.

É melhor procurar alhures do que na ciência objetiva, particularmente no direito, mas também na gramática e na simbólica da narrativa mítica, o que faz a realidade de cada pessoa humana e sua singularidade, o que podemos considerar como seu si, enquanto somos conscientes e o designamos ao dizer "eu".

Existências antepessoais e essência do Homem

Mas não terminamos. Por consequência da indeterminação biológica da noção de pessoa, as sensibilidades subjetivas, os dogmas religiosos, as tradições linguísticas e culturais trazem em si juízos muito diversificados sobre a existência pessoal eventual de um embrião humano (da mesma maneira que sobre aquela, aliás, de um animal não humano, especialmente um primata).

É difícil, em uma sociedade multicultural, rejeitar pura e simplesmente essas atitudes, inclusive aquelas, maximalistas, que atribuem ao embrião humano a dignidade e os direitos de uma pessoa.

É aí, paradoxalmente, que a tentação de tornar a procurar na biologia justificações para este tipo de juízo. Porque a ciência seria sempre o que nos instrui sobre a essência das coisas. A fusão dos gametas que seguem a fecundação produziria a essência de um ser humano naquilo que ela produziria seu genoma em sua unicidade, por associação e recombinação dos genomas parentais. Mas o que aconteceria, então, com um ser produzido por clonagem – portanto, sem fecundação, talvez mesmo por partenogênese – se isso se revela finalmente realizável? Para outros, particularmente na Grã-Bretanha, que fixam em 14 dias um limiar aquém do qual só se falaria de pré-embrião, é a aparição dos esboços de estrutura nervosa neste estado que produziria o substrato de uma sensibilidade e de uma consciência futuras, consideradas como a essência de uma pessoa.

A tentativa de Habermas é interessante no que ele tenta contornar essas dificuldades para justificar posições suscetíveis de serem aceitas por (quase?) todos em nossas sociedades pluralistas. Mas, como veremos, aceitando como evidente a vulgata do programa genético, ele não pode evitar a queda em um essencialismo biológico. Ele o faz de modo mais sutil, mas também mais enganador, ao recorrer à noção de espécie humana. Ele se situa, então, em uma sociedade multicultural em que diferentes atitudes coexistem quanto à natureza do embrião e ao estatuto que é preciso lhe atribuir. É neste contexto que ele se interroga sobre as condições de admissibilidade de modificações eventuais do genoma de células germinais ou de embriões e sobre a triagem de embriões por diagnóstico pré-implantatório, independentemente de toda posição ontológica sobre o estatuto de um embrião quanto a sua qualificação de pessoa humana. Mas essas questões colocam em jogo para ele "o futuro da natureza humana" (título de seu livro), na medida em que tocar no genoma implicaria prejudicar esta natureza, aparentemente mais do que podem lhe prejudicar as manipulações psicológicas, sociais ou políticas, sem falar do desenvolvimento de instrumentos de transformações sociais, tais como as telecomunicações e os computadores. Ele não esconde sua simpatia por alguns juízos que a fé religiosa e a adesão aos dogmas puderam inspirar sobre essas questões, mas se situa fora deste contexto e só aceita estes juízos sob uma forma secularizada, depois da interpretação e da racionalização. É por isto que ele se proíbe justificar seus próprios juízos pela qualificação de um embrião como pessoa humana real desde a fecundação; donde decorreria simplesmente, como para a Igreja católica, que nenhuma dessas práticas poderia ser admitida, já que elas produziriam ofensas a pessoas dependentes e vulneráveis – os embriões humanos – evidentemente incapazes de dar consentimento a isto. Essa atitude metodológica lhe faz recusar a facilidade de juízos coerentes, mas que repousam sobre premissas – o embrião como pessoa – que rejeitam uma grande parte das opiniões filosóficas e mesmo religiosas no mundo, particularmente não cristãs. É por isso que ele define o embrião humano e seu genoma enquanto participam de uma "existência antepessoal". Esta posição minimalista lhe permite dirigir-se a todos, crentes ou não-crentes, quando se trata de justificar restrições sobre o que convém que aceitemos ao fazer o embrião sofrer. Quem pode muito pode pouco: se essas restrições são justificadas sobre uma existência antepessoal, elas o serão ainda mais para aqueles que consideram o embrião como uma pessoa.

Esta *démarche* é certamente mais satisfatória do que aquela que brinca com as noções de potencial e de potencialidades. Infelizmente, não dispondo mais da noção de dignidade da pessoa em sua argumentação, ele a substitui por referências ainda mais contestáveis a uma "ética da espécie humana" e ao dever de proteger o "patrimônio genético da humanidade". Vimos como esta última expressão é cede de uma dupla confusão. Quanto à primeira, ela participa também da confusão entre a natureza biológica da espécie humana e suas exigências éticas em termos de humanidade e de inumanidade. A confusão é ainda maior duvido à referência permanente a um "eugenismo liberal" (já no subtítulo do próprio livro) que caracterizaria a difusão dessas técnicas genéticas aplicadas à procriação. É particularmente o caso do diagnóstico pré-implantatório com triagem de embriões, a única aplicada atualmente em seres humanos, já que nem a clonagem reprodutiva nem as modificações do genoma de embriões ou de células germinais humanas, no quadro da procriação médica assistida, são atualmente tecnicamente dominadas. Aqui, o eugenismo seria "liberal", mesmo que essas técnicas um dia fossem dominadas, porque ele não seria o produto de uma política coercitiva mais ou menos louca de melhoramento genético da espécie humana, de sociedades ou de classes particulares em seu seio, como foi o caso no passado. Tratar-se-ia apenas do exercício das liberdades individuais de satisfazer seu desejo – desejo de criança sob medida – em sociedades liberais nos dois sentidos do termo, político e econômico, finalmente submissas às leis do mercado, do qual os Estados Unidos da América oferecem o modelo. Mas como se trataria, porém, de eugenismo, essas liberdades e esse desejo deveriam ser limitados por normas e por regras fundadas sobre uma ética da espécie. Compreende-se, com efeito, que aquilo que coloca em jogo todo eugenismo, mesmo que seja de maneira ilusória, podendo conduzir, porém, a crimes reais como no passado, é por definição o futuro genético da espécie ou de algumas de suas partes. Desde então, falar de eugenismo nos re-envia rapidamente a dimensões genéticas da existência humana. Na ausência de referência a essas dimensões pessoais, colocadas entre parênteses, como vimos, por (boas) razões de método, o recurso a essa dimensão como fonte eventual de normas parece se impor.

O que aborrece é que a própria natureza biológica não se reduz aos genes e que o próprio projeto eugênico é amplamente ilusório. Vale mais denunciar a ilusão, cada vez mais reconhecida atualmente, que a reforçar ao apresentá-la como uma ameaça intrínseca às técnicas genéticas, ainda que os eugenismos do passado só utilizassem como técnica o assassinato e a esterilização forçada. Isto é particularmente evidente no caso dos projetos imaginados de eugenismo "positivo", que permitiriam um dia "programar" bebês para tal ou tal caráter. É menos evidente no caso do diagnóstico pré-implantatório que chega, com efeito, a fazer triagem e eliminar certos embriões indesejáveis por consequência de genes de doenças graves do quais eles são portadores, efetivamente transmitidos em uma família. Fala-se, então, de eugenismo "negativo", esquecendo-se de que, desde a invenção do termo *eugênico* por Francis Galton no século XIX até todos os projetos de política eugênica imaginados no século XX, sempre se tratou de políticas sociais deliberadas visando "melhorar" a natureza genética da coletividade, eventualmente estendida à espécie humana, e não práticas determinadas, individuais, visando a prevenção de doenças graves bem individualizadas em uma dada família e que frequentemente já ocorreram em um de seus membros. Política coletiva que repousa sobre conceitos fluidos de genética balbuciante em uma primeira metade do século XX, medicina preventiva individualizada que repousa sobre diagnósticos genéticos relativamente confiáveis atualmente: falar de eugenismo nos dois casos não esclarece o debate sobre a existência antepessoal. Muito pelo contrário, a confusão só fica maior entre os juízos de valor aparentemente universais porque falsamente biológicos ("bons" e "maus" genes supostos pelo eugenismo clássico) e realidades biológicas limitadas a contextos particulares, tais como aqueles das doenças bem identificadas.

De fato, como o sugere a própria expressão "existência antepessoal", não podemos ignorar o papel da evolução temporal destes seres ou destas coisas que se respeitaria ou utilizaria. Mesmo para aqueles que só veem no embrião de alguns dias um amontoado de células, problemas se colocam, já que manipulações nestas células podem ter efeitos, anos mais tarde, sobre as existências pessoais. Resulta daí, para outros, que mesmo se as condições para permitir o desenvolvimento destas pessoas não estão reunidas, estas já estariam aí, em suas células, de um modo ou de outro, mas real ainda que latente, escondido, "potencial". Mas, como aderir a essa visão contradiz a própria ideia de existência antepessoal, Habermas procura outra coisa para substituir a pessoa nesta existência antepessoal. É este exercício difícil que o faz recorrer a esta ética da espécie humana. Mas a *démarche* é pelo menos curiosa e mesmo desajeitada, não sem perigo, como veremos, de procurar na espécie – impessoal, pelo menos tanto como na "Vida" – uma referência ética admitindo por hipótese substituir a pessoa, à maneira de uma essência permanente e imutável, atemporal, quando se é confrontado com existências antepessoais. Parece que, como muitos filósofos contemporâneos, Habermas não deseja verdadeiramente ou não chega a se desembaraçar de uma referência ao que seria uma essência do Homem, ela mesma em continuidade com uma essência da Vida, encarnada em uma estrutura biológica privilegiada, o genoma de uma espécie.

Tudo se passa como se o reducionismo genético, depois de ter desertado os laboratórios de biologia, que foram os heróis durante mais de trinta anos, estivesse refugiado, bem instalado em uma noção de programa genético tomado ao pé da letra por certos filósofos e uma parte da opinião pública que levaram muito a sério os discursos triunfalistas do todo genético.

O que nos ensina a biologia atual é, ao contrário, que não podemos juntar-nos a ela para conceber uma essência da Vida e ainda menos do Homem.[9]

Crimes contra a espécie humana?

As barreiras entre o vivo e o não-vivo, entre as diferentes espécies viventes, são evolutivas, existenciais, e não essenciais. Elas não são menos embaraçosas de um ponto de vista social, ético e jurídico. Mas seu caráter evolutivo permite compreender que elas são facilmente transgredíveis por tecnologias que só revelam a natureza do vivente e sua unidade. Negar essa

---

[9] A menos que se conceba que a essência de uma coisa seja ela mesma evolutiva; que ela seja ao mesmo tempo eterna e suscetível de mudar seguindo a existência da coisa, à maneira de Espinosa, por exemplo. Mas estamos longe disso.

unidade profunda e se agarrar a valores ou a normas fundadas sobre barreias cada vez mais porosas pode ter efeitos contra-produtivos. A expressão proposta por último, "crime contra a espécie humana", já nos fornece um exemplo sugestivo. A lei da ética biomédica votada na França em 2004 qualifica a clonagem reprodutiva humana de "crime contra a espécie humana". Devemos ver aqui uma influência de Jürgen Habermas (ou de Hans Jonas?) sobre o legislador? Parece que essa qualificação foi proposta no lugar da expressão "crime contra a humanidade", que suscitou diversas objeções, em relação, particularmente, com o fato de que a clonagem reprodutiva humana, fazendo nascerem crianças, não podia ser associada a crimes que levam à morte, tais como os genocídios.

Mas substituir *crime contra a humanidade* por *crime contra a espécie humana* é cair de Charybde em Scylla. Poderíamos, em certas condições, falar de crimes contra a humanidade a propósito da clonagem reprodutiva ou de qualquer outra técnica visando fabricar seres humanos sob medida, dos quais os caracteres – genéticos ou outros – seriam determinados por desejos de terceiros mais ou menos interessados. A referência não seria o genocídio, mas os *Lebensborns* nazistas, que fizeram nascer crianças por "acasalamento" forçado de homens e mulheres "arianas", com o objetivo de promover a "raça de super-homens".

É interessante, para qualificar estas duas qualificações de crimes "contra a humanidade" e "contra a espécie humana", colocar a questão das vítimas destes crimes. São evidentemente os próprios seres humanos, massacrados nos genocídios ou ainda reduzidos à escravidão, submetidos à tortura e a "outros tratamentos inumanos e degradantes", já que essas práticas também, e não somente os genocídios, são qualificadas de "crime contra a humanidade" desde aquele momento em que fazem parte de políticas coletivas e sistemáticas. No que diz respeito à clonagem reprodutiva humana ou outras técnicas de fabricação de crianças como objetos de dominação ou de consumo, estas próprias crianças seriam vítimas, como aquelas que nasceram do acasalamento forçado nos *Lebensborns*, ainda que, neste caso, a técnica de procriação fosse mais natural. Isso mostra bem que o caráter criminoso não se deve necessariamente à dimensão biológica das "técnicas" utilizadas, mas à sua finalidade e ao contexto social. Qualificar esses comportamentos de crimes contra a humanidade ao assimilá-los a tratamentos inumanos e degradantes não quer dizer, evidentemente, que a humanidade é ela também vítima e que ela desapareceria das vítimas desses tratamentos. Como os escravos e as outras vítimas de crimes contra a humanidade, crianças nascidas através de clonagem seriam evidentemente humanos inteiramente diferentes dos outros, em todos os sentidos do termo, assim como não importa qual outro ser humano. Sua humanidade como pertencimento à espécie não seria de forma alguma uma ofensa. É a humanidade relacional e não biológica que desaparece da relação carrasco-vítima em um tratamento precisamente considerado, por isto mesmo, inumano. É somente neste sentido que a humanidade das relações humanas pode ser dita vítima de crimes contra a humanidade quando essas relações tornam-se aquelas do tratamento inumano.

Poderíamos, então, pensar em qualificar como crimes contra a humanidade a clonagem reprodutiva humana, assim como condicionamentos químicos, eletrônicos, psicológicos, sob o ponto de vista de políticas ajustadas e sistemáticas de alienação. As vítimas seriam futuras pessoas humanas, no caso da clonagem ou de modificações de embriões com interesse reprodutivo, e pessoas já existentes, no caso de condicionamentos de crianças e adultos.

Mas nada impede de pensar que, em um futuro longínquo, a dissociação entre sexualidade e procriação seja generalizada, eventualmente estendida e completada por técnicas de ectogênese, a ponto de estruturas sociais e sistemas de filiação e de responsabilidades parentais completamente diferentes serem instituídos. Então, como a procriação natural, que evidentemente não é criminosa fora de contextos de escravidão tais como os *Lebensborns* nazistas, certas indicações de reprodução por clonagem também não o seriam, tendo encontrado seu lugar social nesses sistemas de filiação e de relações parentais. Isso supõe, evidentemente, que a relação pai-criança mude de natureza, que o desejo da criança torne-se cada vez mais desinteressado, que as estigmatizações de diferentes biólogos, reais ou fantásticas, fundem-se em uma espécie de banalização social das técnicas utilizadas. Estamos longe disso, e talvez as gerações futuras não cheguem a isso jamais. Talvez a natureza seja mais teimosa do que acreditemos e essas técnicas não sejam restritas aos animais, como é atualmente o caso, e sua utilização no homem permaneça criminosa de direito comum, se podemos dizer, como transgressão de todas as regras admitidas de experimentação humana.

Mas a utopia que evocamos realizaria uma evolução histórica oposta àquela da escravidão e da tortura, qualificadas hoje como crimes contra a humanidade apesar de terem feito parte outrora de práticas comumente aceitas, na maioria das sociedades, por milênios. Seriam práticas eventualmente consideradas como crimes contra a humanidade nas nossas sociedades que se tornariam aceitas em nossos contextos sociais ainda mais evoluídos, mais solidários e menos egoístas.

De fato, estas considerações são mais do que especulativas, considerando-se, por um lado, o estado atual das técnicas de fabricação genéticas de mamíferos, por clonagem ou de outro modo, e, por outro lado, o estado moral nada menos que angelical de nossas sociedades.

Elas são, todavia, importantes, um pouco como os elementos de ciência-ficção, para mostrar, por contraste, os limites e os perigos de uma "ética da espécie" que conduz a essa nova e curiosa noção de "crime contra a espécie humana".

A espécie é uma abstração que só tem sentido nas classificações biológicas. Uma ética da espécie humana voltaria a encarar o ser humano apenas em suas dimensões biológicas. É verdade, mas a biologia não pode ser ignorada, especialmente quando nos faz descobrir aspectos inesperados da natureza, chocando às vezes os hábitos do senso comum e conduzindo a dissociações entre sexualidade e procriação que só foram encaradas até aqui nos mitos e lendas ou na ciência-ficção. Mas ela só pode iluminar uma parte dos problemas éticos inéditos que coloca. Mais precisamente, ela é indispensável para colocar esses problemas de modo mais rigoroso possível, ao analisar os detalhes dos procedimentos problemáticos, de maneira às vezes diferentes em situações diferentes, assim como os discursos teóricos mais ou menos metafóricos sobre esses procedimentos. Pelo contrário, ela não pode sozinha fornecer soluções universalmente aceitáveis a esses problemas. Como a propósito das questões de pessoas, estas fazem intervir outras dimensões – sociais, culturais – que não podem ser reduzidas à biologia. Recorrer a uma ética da espécie para resolver problemas decorrentes de existências humanas antepessoais volta a substituir a noção de pessoa com suas conotações éticas e jurídicas por aquela noção de espécie humana segundo a qual não reconheceríamos uma pessoa, mas em que se quer, todavia, projetar conotações éticas – como aquelas de dignidade, não-instrumentalização etc. – habitualmente associadas à existência pessoal. Uma *démarche* desse tipo pode ser justificada, ao substituir a noção de pessoa por outra, no limite convencional ou da ordem de uma ficção – como a de pessoa potencial –, para aí projetar certos atributos de uma pessoa a fim de evitar que se faça qualquer coisa. Mas substituí-la pela *démarche* de "espécie humana" volta a conferir esses atributos não biológicos da pessoa unicamente à dimensão biológica da existência antepessoal. E reconhecer que a existência antepessoal do embrião se reduz a sua dimensão biológica só se justifica se resolvemos não ver no embrião humano apenas uma massa de células como aqueles que defendem a noção de pré-embrião. Ora, isso conduz a não atribuir nenhuma dignidade particular às células no seu estado presente, ou seja, no fim das contas, conduz a utilizá-las como ferramentas instrumentalizáveis de qualquer modo que seja. Por conseguinte, elas não são destinadas a se desenvolver em pessoas dando sequência a um desenvolvimento embrionário ulterior em um útero. Mas não é este, evidentemente, o objetivo perseguido pela evocação de uma ética da espécie humana. Esta torna, para aqueles que não veem existência pessoal no embrião, a fazer a espécie desempenhar – categoria biológica – o papel que desempenha a pessoa – noção extrabiológica – para aqueles que na hora consideram, ao contrário, o embrião como uma pessoa inteiramente à parte. Resulta que uma categoria estritamente biológica – a espécie – está carregada de atributos pessoais na ausência da pessoa; isto implica, em contrapartida, que pelo menos certos atributos da pessoa sejam reduzidos unicamente à dimensão biológica da existência humana, e ainda sob seu aspecto menos individual, mais impessoal possível, já que ela diz respeito ao pertencimento à espécie! Este defeito não é senão lógico. Ele comporta perigos certos que aparecem claramente com a ideia de qualificar a clonagem reprodutiva como crime contra a espécie humana. Como a propósito dos crimes contra a humanidade, recolocando-nos a questão de quem seria a vítima, a resposta é evidentemente a mesma: a criança que seria assim produzida. Mas a ofensa não seria, como no caso da escravidão ou de torturas, a humanidade de suas relações com os autores do crime, mas a espécie humana nele. Dito de outro modo: seu pertencimento à espécie humana poderia ser colocado em dúvida, o que redundaria no resultado contraprodutivo de encorajar uma tendência bem humana ao racismo, renovada pela ocasião do racismo anticlone.

A natureza evolutiva das entidades biológicas. Dissolução das essências

De fato, a reflexão ética sobre as aplicações das técnicas de manipulação dos embriões e dos genomas humanos, com fim de procriação ou não, não pode evitar levar em conta a natureza evolutiva das entidades biológicas em desenvolvimento. Ora, isso implica renunciar definições essencialistas dessas entidades, no sentido habitual no qual se entende a essência de uma coisa como o que a caracteriza de modo absoluto e imutável, sem a qual ela não seria o que é, não existiria e nem mesmo poderia ser conhecida.

Os debates atuais sobre a preparação e a utilização eventualmente terapêutica de células-tronco embrionárias são a ocasião privilegiada para acompanhar a explosão das definições clássicas que acreditávamos bem seguras em uma explosão de transformações de seres e de coisas umas nas outras, vivos, não vivos, humanos, não humanos, inauditas fora talvez do imaginário mitológico.

Atualmente, têm-se em vista esquematicamente três fontes de células-tronco: os embriões já existentes, supranumerários e abandonados depois da fecundação *in vitro*; a clonagem por transferência de núcleo somático adulto em um óvulo enucleado; e a utilização de tecidos adultos contendo certas células-tronco tendo as propriedades de células embrionárias. Existe um consenso em preferir células adultas às outras técnicas porque elas não apresetam nenhum problema de manipulação de embrião, além da vantagem de serem geneticamente idênticas às células doentes sobre as quais elas seriam enxertadas, evitando, assim, os fenômenos de rejeição. Essa vantagem é partilhada por células produzidas por clonagem, pois o núcleo transferido seria ele também retirado antecipadamente de uma célula somática adulta do doente eventualmente tratado. Mas esta última técnica levanta objeções de todos os tipos: a principal repousa sobre a ideia de instrumentalização do embrião humano. Com efeito, não se trata aqui de utilizar embriões já existentes e fadados à destruição, mas sim de fabricar como ferramentas técnicas com o fim de pesquisa e/ou de tratamento consagrado evidentemente a serem destruídos depois do uso. Essa instrumentalização de embriões humanos, assim fabricados como meios em vista de fins que lhe seriam totalmente estranhos, é percebida por muitos como uma "ofensa à dignidade humana", qualquer que seja, aliás, o estatuto, pessoal ou antepessoal, que lhes seja atribuído.

Ora, basta refletir sobre a natureza e o detalhe destes três tipos de técnicas para se perceber que estes juízos são maculados por paradoxos muito pouco defensáveis, no momento em que se deixa o domínio das palavras pelo das entidades biológicas em questão.

O caso dos embriões supranumerários é bastante simples: sua utilização não é problema para os que pensam que um embrião não é uma pessoa humana desde a fecundação e os primeiros estádios de desenvolvimento. Para aqueles que veem nele, ao contrário, uma pessoa, sua destruição é um assassinato, e sua utilização com um fim de pesquisa ou de terapêutica só pode ser, no melhor dos casos, o pior que pode acontecer. Pelo contrário, as duas outras técnicas abrem abismos, porque, na contracorrente dos juízos normativos associados ao caráter pessoal ou antepessoal do material biológico utilizado, questões se colocam sobre a natureza e a identidade biológica deste material. Este, com efeito, aparece cada vez mais como produto da arte das atividades humanas de transformação da natureza. As essências das coisas e dos seres naturais, que se acreditava bem estabelecidas, dissolvem-se nessas transformações. Mais precisamente, desde o nascimento de Dolly e a multiplicação de técnicas derivadas, a definição do que é um embrião de mamífero evoluiu ao sabor das performances técnicas.

Antes do nascimento de Dolly, não ocorreria a ninguém considerar o produto de uma transferência de núcleo somático em um óvulo enucleado como um embrião. Porque todos os biólogos – ou quase – estão de acordo em considerar como impossível o desenvolvimento de tal célula em um organismo adulto. Da mesma forma, não ocorreria a ninguém hoje considerar um óvulo como um embrião suscetível de se desenvolver por partenogênese, porque esta é considerada como impossível nos mamíferos. Todavia, uma espécie de partenogênese acaba de ser realizada experimentalmente a partir de óvulos de camundongos.[10] O que aconteceria se, amanhã, novas proezas técnicas permitissem acabar com as verdadeiras partenogêneses experimentais nos mamíferos? Todo óvulo não fecundado de mamífero deveria ser considerado como um embrião? Desde Dolly, depois os bezerros, camundongos, porcos, gatos e cavalos que nasceram, mais ou menos normais, da mesma maneira que ela, por clonagem reprodutiva, considera-se que um óvulo do qual se substituiu o núcleo por um núcleo somático é um embrião. Pelo menos, dizem alguns, mesmo que não seja exato de um ponto de vista estritamente biológico – já que se trata de um puro artefato, célula artificial produzida sem fecundação –, devemos considerá-lo "eticamente" como um embrião, porque ele pode tornar-se um embrião. Ora, nada é mais obscuro do que esta noção de potencialidade. Um germe pode tornar-se uma árvore. Sementes podem produzir uma colheita. Isto é o mesmo que dizer que um germe é eticamente uma árvore ou sementes uma colheita antes da colheita? Muito pelo contrário, não haveria nada de ético em colocar de lado o esforço da natureza (e dos homens) que chegam a transformar o germe e as sementes em árvore ou em colheita.

O caso que nos diz respeito é muito pior: trata-se de uma potencialidade do embrião, quer dizer, de uma potencialidade da

---

[10] T. Kono *et al.* "Birth of parthenogenetic mice that can develop to adulthood". *Nature*. 428, 2004, p. 860-863.

potencialidade! Desse ponto de vista, se consideramos que um embrião é uma pessoa ou, antes, uma potencialidade de pessoa desde sua fecundação, seria muito mais coerente se opor à utilização dos embriões supranumerários – que são verdadeiros embriões produzidos *in vitro* por fecundação – do que a células produzidas por transferência de núcleos somáticos em óvulos.

Enfim, notemos que tentativas de obtenção de células-tronco embrionárias por transferência de núcleo somáticos humanos em óvulos animais parecem chegar a um acordo. Um primeiro sucesso foi publicado por uma equipe chinesa,[11] mostrando que o citoplasma de um óvulo enucleado de coelha é capaz de "reprogramar" um núcleo de célula somática humana e produzir assim, por divisões sucessivas e diferenciações, células tendo as propriedades de células-tronco embrionárias. Os genes nucleares aí são idênticos àqueles do doador ou da doadora humana, e isso se exprime em particular naquilo em que os marcadores imunitários são os mesmos: os fatores citoplasmáticos, dos quais os genes mitocondriais, são de origem animal. Isto permitiria, talvez, utilizá-los com um fim terapêutico em um doador doente sem risco de rejeição, mesmo se outros riscos, mal-apreciados, não podessem ser eliminados de fato da origem animal do citoplasma.

De qualquer modo, não está em questão que estas células artificiais nunca conduzam ao desenvolvimento de nenhum organismo – nem humano, nem animal, nem "quimérico" –, e não se vê em que eles poderiam ser qualificados de embriões

---

[11] Y. Chen *et al.* "Embrionic stem cells generated by nuclear transfer of human somatic nuclei into rabbit oocytes". *Cell Research*. 13 (4), 2003, p. 251-263.

(humanos ou de coelho?), mesmo se tivessem qualquer propriedade de células embrionárias e pudessem ser utilizados para isto com fins terapêuticos ou de pesquisa. Os autores desses trabalhos qualificam, aliás, sua produção como *nuclear transfer blastocysts,* e não como embriões.

Alguns falam de "quimeras" e transgressões da barreira das espécies. As quimeras são muito diferentes: são organismos desenvolvidos a partir de fusão de dois ovos fecundados de duas espécies diferentes. Com duas espécies vizinhas, como o carneiro e a cabra, tal fusão é possível sem rejeição nas vinte e quatro horas que seguem a fecundação. Ela leva a um organismo "monstruoso", parte cabra, parte carneiro. Podemos, a partir daí, considerar que seria possível fabricar da mesma maneira quimeras homem-macaco. Isto faz parte das práticas que são ou devem ser absolutamente proibidas, segundo a opinião de todos os comitês de ética que tiveram a oportunidade de julgar este procedimento. A evidência desta interdição se impõe porque se trataria de fabricar seres adultos e desenvolvidos cuja forma seria parcialmente humana, parcialmente símica. Ainda mais seguramente do que clones totalmente humanos, eles seriam objetos de discriminações e de tratamentos "inumanos" em todos os casos, quer fossem considerados como sub-homens ou supermacacos! Quanto à barreira das espécies, ela é efetivamente transgredida no caso das quimeras, mas os efeitos dessa transgressão não são os mesmos em organismos desenvolvidos ou células. A ponto de essas técnicas, como aquelas de transferência de núcleos ou de genes, só dizerem respeito a células e moléculas, esta "barreira" – que não é uma só – é "transgredida" todos os dias na utilização de células de origem animal ou bacteriana, ou híbrida, para produzir medicamentos ou próteses, sem que isso acarrete o menor problema ético. A não ser que se considere, como certas correntes religiosas ou sectárias, que toda intervenção em processos naturais é má e que a doença e a morte seriam então "eticamente" superiores.

De fato, esses processos técnicos mostram a que ponto o cuidado de definições simples, permitindo rotular de uma vez por todas esses embriões – "o que é uma pessoa humana", etc. – fracassa desde que estejamos em face de processos evolutivos. Dito de outro modo: o cuidado de definir apelando ao que seria a essência humana, de uma coisa, de um animal, de um ser humano, fracassa diante da unidade da natureza quando encaramos esta do ponto de vista do vir a ser e das evoluções.

É verdade, mas a técnica e a fabricação de artefatos vivos contribuem para fazer assim voar em estilhaços as definições essencialistas. Mas a técnica só pode ter sucesso na medida em que ela se submete às leis da natureza, mesmo que seja para melhor dominá-la. Nós devemos tirar daí uma lição muito geral: aceitar renunciar as definições essencialistas e, antes, pesquisar e aceitar definições evolutivas.

Dito de outro modo: o que não é um embrião humano pode, sob certas condições, tornar-se um embrião. O que não é uma pessoa humana pode, sob certas condições, tornar-se uma pessoa humana. O debate ético é então deslocado sob as condições desse "vir a ser". Em particular, aqui, a implantação ou a não-implantação em um útero feminino não é assim mesmo um "detalhe" da técnica que não modifica em nada os dados do problema. Muito pelo contrário, tudo isso deve conduzir-nos a não qualificar senão embriões de células ou conjuntos celulares implantados com sucesso e em curso de desenvolvimento intrauterino. Na ausência de implantação, esses artefatos celulares produzidos sem fecundação, por transferência nuclear ou outra, são tipos de pseudoembriões. Contrariamente às histórias do "DNA como destino", suas possibilidades de tornarem-se bebês não estão todas aí, pré-formadas em seu genoma. Possibilidades novas aparecem em curso de desenvolvimento, sob o efeito de fatores diversos, às vezes aleatórios, que chamamos então de "barulho do desenvolvimentista". Esquematicamente, essas possibilidades dependem de fatores epigenéticos, dos quais a implantação uterina é uma condição *sine qua non*, barreira ao mesmo tempo biológica e ética no que ela implica a participação do corpo de uma mulher.[12]

---

[12] Notemos, enfim, que o mesmo problema corre o risco de se colocar a propósito de células-tronco adultas. Elas são ainda frequentemente difíceis de isolar e não sabemos se algumas apresentariam as propriedades de totipotência dos embriões, permitindo-lhes se diferenciar em linhagens celulares próprias a qualquer tecido. Mas a maioria concorda em considerar que sua utilização não coloca problemas éticos particulares, já que elas não são retiradas dos embriões. Ora, este juízo pode ser errôneo. Com efeito, se estas células se revelam totipotêntes, podemos imaginar que cada uma dentre elas possa ser estimulada e se desenvolver como um embrião e eventualmente dar nascimento a um organismo clonado se for implantada em um útero feminino. Reproduzindo exatamente uma multiplicação de vegetais por meio de estacas, seria ainda mais idêntico do que aqueles produzidos por transferência de núcleos em óvulos enucleados, já que não só o núcleo, mas também o citoplasma proviria do mesmo organismo. Dito de outro modo: nada garante que o uso de células-troncos adultas não conduz a uma situação análoga da clonagem reprodutiva. Aqueles que temem uma deriva de "queda deslizante" em direção ao clone reprodutivo esquecendo a barreira empírica ou jurídica que constituiria a ausência de implantação uterina teriam então os mesmos temores. Poderíamos igualmente falar de "intrumentalização do embrião" ainda que as células instrumentalizadas fossem retiradas de tecidos adultos? Vemos bem a que ponto as definições bem estabelecidas começam a ser embaralhadas e correm o risco de ser ainda mais pelo fato das propriedades novas de plasticidade do vivente que nos fazem descobrir as biotecnologias.

Retorno às existências

Isto nos conduz às distinções pragmáticas que podemos e devemos fazer no que aparece como uma *démarche* casuística, cuja necessidade para julgar problemas éticos biomédicos já foi reconhecida. A distinção entre terapia gênica somática e terapia gênica germinal está agora bastante estabelecida, malgrado as dificuldades que impediram durante muitos anos a comunidade científica e a opinião pública de reconhecer as diferenças radicais em jogo apesar da similitude das técnicas. A expressão "manipulações genéticas no homem" escondia essas diferenças. A distinção entre visada terapêutica e visada de fabricação deve sempre ser mantida, mesmo se ela é, às vezes, difícil de ser estabelecida de maneira interrompida em certos casos-limite. Ela é evidente a propósito dos casos de clonagem em que a visada de fabricação de um indivíduo geneticamente idêntico a outro por clonagem produtiva é facilmente distinguida das visadas terapêuticas (mesmo sem certeza sobre sua eficácia eventual) por cultura de células-tronco a partir de transferência nucleares (clonagens não reprodutivas).

Mas essa distinção pode ser mais difícil de ser estabelecida toda vez que se trata de intervenção em embriões destinados a se desenvolverem e se tornarem crianças. O diagnóstico pré-implantatório com triagem de embriões pode criar situações deste tipo: qual o limite entre prevenção de uma doença grave em uma família com risco e escolha do sexo ou outros caracteres genéticos – reais ou ilusórios – em função de preferências e de desejos mais ou menos arbitrários? A escolha de embriões para fazer nascer uma criança imunologicamente compatível suscetível de fornecer células ou tecidos para tratar de um irmão ou uma irmã pôde dar voz ao "bebê-medicamento". Mas esta técnica pode muito bem ser justificada pela finalidade terapêutica dos pais, fazendo falar, então, de "crianças do amor". Malgrado estas dificuldades que sempre colocam a existência de casos-limite, esta distinção pode e deve ser mantida.

De modo geral e no princípio, a única finalidade admissível para toda intervenção técnica em um indivíduo humano, criança a nascer em curso de desenvolvimento, deve, então, permanecer aquela de um quadro terapêutico estritamente delimitado, quer dizer, o tratamento de uma doença devidamente diagnosticada. A isto pode ser reunida a pesquisa em vista de um benefício terapêutico eventual para o próprio indivíduo ou para um terceiro, o que gera também problemas diferentes conforme o estado do desenvolvimento e a natureza das técnicas utilizadas.

Mas isso deve excluir toda técnica, genética ou outra, cuja finalidade seria fabricar homens e mulheres dotados de propriedades positivas bem determinadas – sejam reais, sejam imaginárias –, correspondendo ao desejo de terceiros. Este desejo pode ser principalmente o dos pais que, em uma sociedade particular em vista de fins, poderiam parecer nobres e instruídos, no interior de tal ou tal ideologia que valorizaria tal ou tal tipo de humanidade. Toda discussão sobre o valor eventual desses fins deve ser excluída, porque isso implicaria de antemão a transformação dos futuros indivíduos em objetos de planificação e de fabricação instrumental – e, por isso mesmo, a negação de seu estatuto de pessoas autônomas. Observemos que as neurociências oferecem possibilidades de condicionamentos químicos, elétricos ou psicológicos constituindo técnicas de instrução que destruam em um grau ou em outro, elas também, a autonomia das pessoas. Ao menos as modificações assim induzidas não são transmitidas diretamente à descendência. No caso das técnicas genéticas, isto retornaria à instituição por uma nova forma de escravidão e de instrução de descendência de escravos em que os indivíduos seriam condicionados desde seus nascimentos a serem objetos de desejo explícitos – e não só de desejos inconscientes, como é sempre o caso. Ao passo que, na escravidão clássica, essa alienação tirava sua origem da justificação ideológica da guerra e da violência econômica, ela encontraria sua justificação em uma ideologia pseudocientífica que cobriria a violência da intervenção técnica. Mas essa nova forma de escravidão, mesmo se fosse amenizada por condições de vida agradáveis para estes indivíduos, permitindo em particular a eliminação de sofrimentos por via de condicionamento ou outro, teria consequências inéditas e muito mais graves em relação à escravidão clássica. A fabricação genética de homens em vista de fins que lhe são exteriores e determinados por outros homens revestiria então um caráter massivo e imediato no que ela determinaria de modo irreversível não só o indivíduo assim fabricado, mas também sua descendência.

Situações novas em que a distinção entre finalidades terapêuticas e de fabricação pode ser mais difícil serão talvez criadas por terapias gênicas germinais, em um futuro ainda indeterminado, quando as técnicas de transgênese tornarem-se mais dominadas do que são hoje (a julgar pelas esperanças decepcionadas pela tacha de êxito extremamente baixa das terapias genéticas somáticas tentadas até os dias de hoje).

Sabe-se, com efeito, que a terapia gênica em células somáticas não coloca outros problemas éticos senão aqueles de qualquer outro método terapêutico, já que as modificações do genoma não são transmitidas à descendência. Ela traz hoje problemas de eficácia e inocuidade subestimados há alguns anos.

Em contrapartida, a terapia gênica em células germinais, quer dizer, espermatozoides, óvulos, embriões, acarretaria problemas éticos sérios se ela se tornasse tecnicamente segura e eficaz. E então devemos fazer uma segunda distinção que tem por objeto o tipo de doença que se trataria de cuidar.

Existem cerca de 3.000 doenças genéticas conhecidas no homem: trata-se de anomalias do genoma que provocam doenças diversas podendo afetar todos os órgãos do corpo. Fora os defeitos cromossômicos propriamente ditos (como a trissomia 21), trata-se mais frequentemente de genes anormais que conduzem ao que chamamos de erros inatos do metabolismo. Algumas dessas doenças aparecem muito cedo; outras só se manifestam tardiamente na criança e mesmo no adulto. Outras, enfim, consistem em uma suscetibilidade anormal a certos produtos ou medicamentos que só aparecem no momento em que o organismo é exposto a elas. Entre essas doenças algumas dezenas são bastante frequentes, as outras são raridades das quais somente alguns casos foram descritos.

Algumas podem beneficiar-se de um tratamento que substitui a enzima deficiente que o organismo, por causa do defeito genético, não é capaz de sintetizar. É o caso, por exemplo, da fenilcetonúria, cujo tratamento é eficaz se empreendido desde o nascimento e continuado por bastante tempo. A maioria, como a talassemia, a hemofilia, a miopatia de Duchenne, a doença de Tay-Sachs e a de Huntington, atualmente incuráveis.

Está claro que, em todos os casos, quando a técnica o permitir (o que não é ainda para amanhã), a substituição do gene deficiente por um gene normal no genoma das células germinais ou no embrião imediatamente depois da fecundação será o tratamento ideal. A condição *sine qua non* está em que a técnica seja suficientemente dominada para inserir de modo preciso o gene normal no lugar do gene deficiente sem modificar o resto do genoma.

Nesta eventualidade seria legítimo ou não utilizar tais técnicas de terapia gênica? Aqui também devemos fazer uma distinção.

Com efeito, descobrimos cada vez mais, fora dessas doenças genéticas propriamente ditas, predisposições genéticas a um grande número de doenças, entre as quais algumas são mais frequentes, tais como o diabetes, a hipertensão, certos cânceres, doenças autoimunes como esclerose em placas e até mesmo AIDS.

É aí que os perigos de deslizamento progressivo da terapia genética individual ao eugenismo positivo de fabricação são reais, e é por isso que devemos distinguir estas doenças das precedentes.

Com efeito, não se trata aí de determinações genéticas unívocas em que a relação causal é certa entre um gene anormal e uma doença, mas de correlações estáticas que estabelecem, por exemplo, que certos genes modificados estão associados a uma frequência mais elevada que a média na aparição de uma doença. Donde esta noção de predisposição genética – que substitui a antiga noção de terreno em medicina – implicando evidentemente que outros fatores causais são também responsáveis pela doença, seja de outros genes, seja dos fatores do meio ambiente tais como o modo de vida, nutrição, exposição a tóxicos ou a estresse etc. No limite, podemos imaginar que estamos todos predispostos geneticamente a qualquer doença mortal, já que estamos consagrados a morrer de qualquer coisa, porque raríssimas são as pessoas que morrem simplesmente de velhice, como se diz, e não de uma dessas doenças.

Dito de outro modo: podemos ser arrebatados, a propósito desta noção de predisposição ou de risco genético, para discussões sem fim sobre a parte inata e adquirida no aparecimento dessas doenças. Discussões que se revelarão provavelmente falsos problemas ligados a concepções simplistas sobre a adição das probabilidades, como é o caso bem conhecido e bem estudado, por Richard Lewontin particularmente, do falso problema da parte inata e adquirida na determinação de um grande número de caracteres.

Com efeito, a interpretação dessas medidas de risco é frequentemente muito difícil. Um exemplo extremo é aquele da Espondilartrite anquilosante. Descobriu-se sua associação com um gene particular do sistema HLA (HLA B27), mas resulta que somente 0,1% dos indivíduos portadores desse gene desenvolvem a doença. Esta correlação, que é real, pode, todavia, se mal interpretada, conduzir a considerar que o simples fato de ser afetado pelo gene deficiente já é o mesmo que uma doença grave que deve ser tratada com todos os meios. Isto não é senão um caso particular do fato bem conhecido da utilização das estatísticas em medicina, quer dizer, a medida da frequência e da estimação de probabilidades é sempre algo delicado quando é preciso aplicá-la a cada paciente tomado individualmente. (Fora, bem entendido, os casos de quase-certeza em que a probabilidade pode ser considerada como praticamente igual a 0 ou 100% mesmo se exceções raríssimas puderem sempre ser observadas. Sabe-se que existe uma diferença qualitativa entre as probabilidades muito próximas de 0 e 1, podendo ser praticamente assimiladas a certezas, e as outras em que a probabilidade tenta estimar precisamente um grau de incerteza.)

Se admitimos que modificações do genoma deveriam ser limitadas em todos os casos a indicações terapêuticas perfeitamente definidas e indiscutíveis, é claro que esses casos de predisposições para doenças de causas múltiplas, estimadas por probabilidades mais ou menos elevadas, deveriam ser eliminados.

Enfim, poderia parecer que há contradição entre a recusa de aceitar o desejo de um terceiro – parente ou sociedade – para justificar uma intervenção técnica em um indivíduo humano, logo, a recusa da fabricação, por um lado, e a aceitação eventual de terapias gênicas em um embrião cuja opinião evidentemente não podemos pedir, por outro.

Isso coloca a questão da tutela dos pais sobre suas crianças, e de modo geral a tutela da sociedade sobre suas crianças; sob reserva de que a questão é estendida aos estádios do desenvolvimento que precedem o nascimento, o que re-encontra a questão mais radical do aborto, ou seja, o direito não de modificar, mas de interromper o desenvolvimento de um indivíduo antes do nascimento.

Pareceria assim que todas estas questões se re-encontram: a questão da manipulação dos embriões com visada terapêutica ou de pesquisa, das terapias gênicas, do aborto, parecem se reencontrar na questão insolúvel, e somente nítida pela via da autoridade ética, jurídica ou religiosa, de saber se um embrião é uma pessoa real ou potencial, ou se existem estádios ditos pré-embrionários correspondendo ao que não é ainda senão um amontoado de células indiferenciadas.

Pois bem, todas essas questões não se encontram, porque é preciso aqui também fazer distinções que têm por objeto a legitimidade do desejo dos pais. Limites evidentes para se instituir esses desejos, no que ele pode se opor à autonomia futura e ao desabrochamento da pessoa da criança, devem ser também modulados. Pode tratar-se de um desejo negativo, o de impedir um processo suscetível de dar existência a uma criança, como no caso de contracepção e de aborto. Aí, o desejo parental, da mãe em particular, não pode não ser levado em conta. Mas pode tratar-se, também, de desejos positivos visando não impedir, mas, ao contrário, fazer existir alguém em função desses desejos. E aí, será preciso distinguir bem entre os desejos que podem ser reconhecidos como legítimos e aqueles que não o são naquilo que eles contradiriam desde a origem, se podemos dizer, o estatuto futuro de pessoa autônoma que quereremos reconhecer, mais tarde, a uma criança, depois a um adulto bem preciso. Dito de outro modo: é necessário distinguir entre desejo negativo e desejo positivo, porque as consequências sobre o futuro são muito diferentes. A determinação pré-natal do sexo coloca um problema de limite muito difícil se ela deve desembocar em um aborto sistemático do sexo não desejado. Com efeito, trata-se aí de um desejo negativo, mas que redunda no desejo positivo do sexo oposto. Nesta medida, pode existir aí um elemento inegável de eugenismo que deve ser tratado como tal.

Enfim, assim como a lei fixa de maneira arbitrária, mas indispensável, uma idade de maioridade – antigamente 21 anos, agora 18 anos –, a continuidade do desenvolvimento biológico não deve impedir de fixar limiares dos quais um, o nascimento, já é reconhecido há muito tempo. Um outro limiar, passagem de um pré-embrião indiferenciado a um embrião já formado, já é estabelecido em outros países, como a Grã-Bretanha. Enfim, vimos que a implantação uterina bem-sucedida deve ser reconhecida como passagem necessária para qualificar de embrião toda construção celular artificial, quer ela seja produzida por transferência nuclear intraespecífica ou interespecífica, ou por outras técnicas futuras, tais como a partenogênese ou clonagem de células-tronco adultas.

Em conclusão, mais do que proceder de maneira dedutiva a partir de definições biológicas ou metafísicas sobre o que é uma pessoa e sobre a essência da humanidade, definições cuja generalidade só acrescenta a confusão quando se trata de situações específicas, parece preferível colocar as regras de distinção mais claras possíveis – reconhecendo a realidade de casos-limite – tais como aquelas que consideramos a possibilidade entre as classes de situações de implicações éticas diferentes: finalidade neoescravagista ou terapêutica, pseudoembrião ou embrião, respectivamente antes ou depois da implantação uterina, doenças genéticas propriamente ditas ou predisposições, desejo parental positivo ou negativo.

Bibliografia

H. Atlan. *Les étincelles de hasard.* T. II: *Athéisme de l'Écriture.* Paris: Le Seuil, 2003, capítulo 2: "Les niveaux de l'éthique"; capítulo 8: "Statistiques et temporalité".

H. Atlan. *L'utérus artificiel.* Paris: Le Seuil, 2005.

M. Delmas-Marty, N. Zhang (dir.) *Clonage humain: droit et sociétés. Études franco-chinoise.* Vol. 3. Paris: Société de législation comparée, 2005, "Conclusion".

2
O embrião delocalizado do útero para a cidade

Mylène Botbol-Baum

Entre idealismo e materialismo. Do Renascimento a nossos dias

O impacto sociopolítico da questão do estatuto do embrião e de seu lugar na cidade nos conduz hoje aos debates metafísicos que marcaram a separação entre Idade Média e Renascimento. Com efeito, a função biopolítica da reflexão em torno do estatuto do embrião na cidade funciona como um paradigma recorrente desde o século XIII. A questão parece voltar ao encontro da cena a cada crise de evolução das representações entre biologia e ontologia, entre matéria e forma. Já na Idade Média, dois modelos incompatíveis se afrontam. O renascimento aristotélico dota o pensamento latino da filosofia judaica e árabe de Avicenas (980-1037), filósofo e médico, e de Salomão Ibn Gabirol (filósofo e poeta judeu neoplatônico), do qual partes inteiras da obra foram falsamente atribuídas a Aristóteles.[13] O materialismo que veicula esta obra se opõe à visão idealista do dogma da Igreja. A versão aristotélica preeminente faz pensar que a alma poderia ter saído da matéria, o que deixa pairando a ideia de sua alteração ou de sua corruptibilidade. Os leitores neoplatônicos serão fortemente criticados na época pela ontologia e a teologia cristã, porque é preciso salvar a imortalidade da alma e então o dualismo idealista, preconizando:

> O embrião necessita de um acréscimo realizado por Deus em cada indivíduo.[14]

É um tema sobre o qual Aristóteles não se pronuncia no *De anima*. Acolher a filosofia judaico-árabe no *corpus* cristão equivalia, na época, a mudar o modelo político. Com efeito, tudo se passava como se a percepção biológica do embrião desse uma forma orgânica e histórica à cidade, correndo o risco de recolocar em questão a relação estabelecida entre o masculino e o feminino, a forma e a matéria. Agostinho considerava que Deus havia criado todas as coisas no início sob a forma de sementes que se deslocavam no tempo no seio da criação perfeita – todas as coisas existindo na origem, mas em potência,

---

[13] Dominicus Gundisallimus traduz a obra de Ibn Gabirol; e Willian d'Auvergne se refere a sua obra ao chamá-la *Fons Sapientia*, mas o toma por um autor cristão; é Duns Scotus que perpetuará a ideia de universalidade da materialidade da substância espiritual na filosofia cristã (ver em *jewishencyclopedia.com* o artigo consagrado a Ibn Gabirol).

[14] Didier Ottaviani. "Le paradigme de l'embryon à la fin du Moyen Age". Revue *Astérion*. 2003, p. 2.

atualizando-se progressivamente.[15] A natureza seria, segundo este modelo, inteiramente um mundo embrionário que Deus acompanha em seu desenvolvimento. O Deus de Tomás de Aquino está próximo do demiurgo platônico (*dator formarum*) que permite que toda forma esteja presente na matéria passiva de modo incoativo. O risco da definição do embrião por Tomás de Aquino é então de recusar a sucessão contínua das formas na gestação embrionária, porque, para ele:

> Uma forma substancial não pode comportar mais nem menos: a adição de uma maior perfeição cria outra espécie.[16]

Trata-se, para ele, de saber se nós podemos pensar as realidades do mundo como nascendo de sua própria matéria, sem intervenção exterior, e de saber se somos sujeitos, pessoas ou indivíduos. Trata-se, também, sobretudo, de negar a ideia por demais materialista, segundo a qual Deus teria criado o mundo e o teria deixado evoluir por si mesmo, sem mais intervenção, deixando a responsabilidade do mundo aos humanos. São Tomás se opõe ferozmente a toda hipótese, bastante moderna, da autoprodução da forma na matéria.[17] Ele recusa que o mundo possa existir se Deus não o criar a cada instante, e desenvolve a ideia de uma criação continuada que, apenas ela,

---

[15] Re-encontramos esta ideia de potencialidade no conceito de pessoa potencial, visando proteger o embrião da pesquisa, em textos do Comitê de ética francês.

[16] Tomás de Aquino. *Somme théologique*. I, qu. 118, art. 2. Paris: Le Cerf, 1994.

[17] Ideia que será defendida em certa medida por Ibn Gabirol e que constituirá o ponto de desacordo de Tomás de Aquino com ele.

unifica os instantes. A natureza inteira, e certamente aquela do embrião, é desde então pensada como modelo do vivente e se opõe à visão da semente, correndo o risco de conduzir a visões heréticas do lugar a ser atribuído ao embrião na cidade. Os gêneros não estão aí separados e saídos de categorias biológicas relativas à procriação. A visão de Aristóteles e de seus intérpretes judaico-árabes coloca em evidência a proximidade entre o gênero e a geração, o próprio princípio do indivíduo. Entretanto, ele marcará uma hierarquia entre o masculino e o feminino, da forma sobre a matéria. Para Tomás, a matéria poderia até ser um gênero. Salomão Ibn Gabirol falará de forma universal e de matéria universal, sem estabelecer hierarquia, o que era inaudível na época:

> O mestre – A matéria e a forma são como o corpo humano e sua forma – por forma compreende-se a composição de seus membros; a vontade é como a alma; e a essência primeira é como a inteligência. [...] É preciso que, no inteligível, haja uma matéria universal sustentando todas as formas inteligíveis, e uma forma universal que da mesma maneira sustente todas as formas inteligíveis.[18]

Esta visão original, desenvolvida em *De materia et forma*, provocou violentas polêmicas. Era, todavia, a tese principal de Ibn Gabirol, para o qual tudo o que existe é consti-

---

[18] Ibn Gabirol. In: *Fons vitæ*. Tradução de Jacques Schlanger. Paris: Aubier-Montaigne, 1970, p. 43 para a versão francesa, p. 8 para a versão latina. Como o sublinha Schlanger, o tradutor, os copistas estabeleceram aqui um contrassenso ao traduzir a *essence universalis* por "Deus" ao invés de traduzir por "o ser criado" (ou matéria).

tuído de matéria e de forma, uma única matéria compondo o universo. Esta consciência de universalidade da matéria é sua contribuição mais original. Ele pensava a continuidade da geração como indispensável e contribuiu para inverter o primado da forma sobre a matéria – e, consequentemente, *do masculino sobre o feminino*. Este deslocamento do paradigma faz do embrião, para Dante, seu contemporâneo, desde essa época, um *modelo político*. Nesse sentido, o desenvolvimento da embriologia torna-se a metáfora de certas teorias políticas que marcam a passagem da Idade Média ao Renascimento. Isto o conduzirá a repensar a noção de dignidade humana através da visão da dignidade de Pico della Mirandola, leitor dos cabalistas da Idade Média.

O risco desencadeado por esta virada filosófica conduz à consideração de que o gênero seja dado pelo princípio masculino, o que conduziria a pensar que os fundadores da cidade só podiam nascer no seio de grandes famílias. Para Dante, o embrião permite rejeitar a ideia espiritualista de uma nobreza de sangue, condição da filiação divina e da criação continuada e fixista de uma aristocracia fundada sobre grandes linhas familiares. Ele inverte o paradigma, fazendo do modelo embrionário, mais materialista e evolucionista, a metáfora do governo pelo povo em uma passagem célebre do *Convivio*:

> Como os Uberti de Florença ou os Visconti de Milão não diziam: "Porque sou de tal raça, sou nobre", porque a semente divina não cai sobre a raça, quer dizer, sobre a linhagem, mas cai em pessoas singulares, [...] as pessoas singulares tornam nobre a linhagem.[19]

[19] Dante, *Convivio*. IV, XX, 5, citado por Didier Ottaviani, op. cit.

Este texto é notável no sentido em que vemos que é a coerência da matéria biológica que, já no século XIII, faz do povo um conjunto de indivíduos vivos, dando forma histórica à cidade. Poderia parecer, porém, que hoje regredimos à visão própria da Idade Média do modelo embrionário, sacralizando a potencialidade da semente, e com isto colocando em risco o próprio despertar da ideia de que haveria uma linhagem não modificada do humano que deveria ser preservada contra toda manipulação de um mítico patrimônio genético da humanidade, como o mostrou muito bem Henri Atlan no capítulo precedente.

Será preciso analisar qual modelo político emergirá amanhã do conflito de representações do modelo biológico ou simbólico do embrião. Tal será a tentativa dessa reflexão sobre a delocalização do embrião, da caixa de Pétri ao estatuto da pessoa moral na cidade. Parece, todavia, bastante evidente que somos confrontados com uma visão recorrente. Como a confusão entre os conceitos de pessoa, de indivíduo e de humano leva aos amálgamas ideológicos dos quais sofremos ainda hoje os efeitos, gostaríamos de refletir, aqui, sobre o efeito antropológico da definição do embrião como pessoa potencial.

A dimensão histórica e política do conceito de pessoa

Para alguns, a dimensão do conceito de pessoa reduz a própria pessoa a uma convenção social. A questão subsidiária passa a ser então a de saber se, por um lado, as ciências biomédicas estão legitimadas a mudar as convenções e representações sociais ao impor uma forma de verdade incontornável à qual deveria conformar-se o jurídico e ou político; ou se, por outro lado, e como a bioética o sugere, para além dos relativismos das representações de cada domínio epistemológico, torna-se necessário estabelecer um consenso mínimo em torno da legitimidade de alargar o conceito jurídico de pessoa ao embrião. O objetivo primeiro é, como o veremos, evitar todo conflito de interesse entre a mãe e a criança.

Somos confrontados cada vez mais frequentemente com questões de pesquisa científica de ponta que terminam por escapar à vistoria científica e são reapropriadas de maneira interdisciplinar por especialistas considerados como defensores dos interesses públicos não advertidos das derivas *inumanas da ciência*.[20] Podemos aceitar que os valores enunciados por ocasião dos debates bioéticos sejam reativos (ou antes, reacionários) em relação aos fatos científicos que parecem distribuir uma vertigem de liberdades e de possibilidades sempre novas? Para que o público se sinta interpelado em uma democracia participativa por uma questão, é preciso que ela seja não só informada, mas ainda esclarecida sobre os riscos. Os riscos éticos só caem no domínio público no momento em que as consequências práticas da pesquisa poderiam ter um efeito político, que implica convencer a opinião a orientar sua escolha em uma direção específica, ao passo que a incerteza reina.

A questão das *células-troncos primordiais* saídas do embrião é neste sentido bastante exemplar, porque ela foi em

[20] Conferir a este propósito o livro de Bruno Latour, *Politiques de la nature. Comment faire entrer les sciences en démocratie*. Paris: La Découverte, 1999.

princípio pouco mediatizada na Europa, onde ela não teve impacto político imediato. *A contrario*, nos Estados Unidos, ela provocou uma polêmica de alcances políticos e ideológicos enormes em torno do estatuto do embrião, e divide Republicanos e Democratas desde a era de Reagan até Bush Jr. O debate se alargou até à questão de saber se a ciência transcende o político-religioso ou se ela está a serviço de suas manifestações e interesses diversos.

O jornal *Science* não escapou das metáforas ambientais no momento em que publicava, desde 1999, uma carta intitulada "Science over politcs", assinada por 67 prêmios Nobel que defendiam a empresa farmacêutica Advanced Cell Biology, assim como o instituto Tisseu Engineering and Transplant Medicine, para que lhes fossem outorgado fundos públicos para a pesquisa em células-tronco embrionárias, proibido pelo governo de Reagan. As células-tronco embrionárias, e chegamos ao centro da polêmica, eram geralmente saídas de fetos abortados ou de embriões supranumerários em clínicas de fecundação *in vitro*. O governo Reagan adotou uma posição conservadora em relação à questão, e a comunidade científica recusou legitimamente ver sua liberdade de pesquisa limitada por interesses eleitorais. Mas o que pensar dessa autoridade científica influenciando o debate público sobre uma questão que ultrapassa a liberdade de pesquisa, porque ela implica o pluralismo da escolha de valores, embasada em uma vistoria científica em conflito com as convicções político-religiosas? Somos testemunhas de uma nova polêmica entre naturalismo e fixismo em torno do embrião.

Comparemos isso com as situações similares que conhecemos melhor. Se numerosos países europeus não assinaram a

Convenção de Oviedo de 1997 sobre os direitos do homem e a biomedicina, foi por causa do artigo 18 dessa convenção, relativo à pesquisa sobre o embrião e a proibição de criação de embriões para a pesquisa. Não houve informações, nem solicitações de verdadeiro debate público sobre essa questão. Como ela se tornou um risco para as eleições americanas, depois europeias sucessivamente? Por que ela conduziu igualmente a uma revisão das leis da bioética na França e colocou em questão a assinatura da Convenção sobre os direitos do homem na Bélgica, sem que o homem médio possa definir de maneira clara os riscos em termos de direitos subjetivos?

É interessante observar que nossas democracias pluralistas, legiferando sobre a questão, permitiam crer que a moral da pesquisa em embrião seria de repente homogênea e garantida pelo Estado. Os projetos de lei que regulam a manipulação do embrião para a FIV ou para a terapia gênica foram redigidos desprezando as convicções dos indivíduos e em nome da humanidade, em nome do laudo e do princípio de precaução contra os *crimes contra a humanidade e contra a espécie humana*.[21] Estas justificações saíram da aliança do neoliberalismo e do individualismo, cujo único escudo só poderia ser uma bioética que seria uma estranha mistura de kantismo e de cristianismo fundamentalista. Este clima de segurança foi politicamente legitimado pelos acontecimentos do 11 de Setembro que chocaram os Estados Unidos da América e não pouparam certos países europeus na justificação de um modelo de segurança em nome das proteções das liberdades.

---

[21] Ver a análise de Atlan no capítulo precedente.

Os riscos da pesquisa em embrião colocam em cena um conflito entre argumentos epistemológicos e argumentos ontológicos, complexos, é verdade, mas que têm reflexos políticos concretos, principalmente nos direitos reprodutivos das mulheres e na representação da filiação biológica e psicossocial, ultrapassando o direito público e re-erguendo os direitos subjetivos.

O pensamento do consenso exigiria uma atitude relativista em relação a esses argumentos, ao passo que um rigor metodológico permitiria hierarquizar sua pertinência. Ele parece revelar a coerência da ética participativa em permitir a cada um apropriar-se dos riscos do debate; retornemos, então, à descrição dos fatos, sabendo, de antemão, que nenhuma descrição escapa verdadeiramente à interpretação.

Sacralidade ou qualidade da vida?

Desde o debate sobre o aborto, opõem-se defensores do conceito de sacralidade da vida e aqueles que, em uma perspectiva mais materialista, consideram que a pesquisa médica consiste em melhorar a qualidade de vida. Os pressupostos filosóficos subjacentes a essas duas opções levam a repensar a definição da natureza humana, seja como dada em uma perfeição, para proteger toda alteração, seja como histórica, e então sujeita à evolução.

No momento existem quatro métodos confiáveis para obter células *totipotentes*:

1. Utilizar um embrião criado em vista de uma fecundação *in vitro*: algumas células são em seguida retiradas no esta-

do em que sua função está ainda indiferenciada, fala-se então de células-troncos embrionárias, que são em seguida colocadas em cultura.

2. Utilizar células-tronco retiradas de fetos abortados, que são células pluripotentes, e não totipotentes, e têm então menos interesse para a pesquisa.

3. A transferência de núcleo somático humano em um óvulo enucleado.

4. A utilização eventual de células-tronco adultas, talvez pluripotentes ou multipotentes, mas não totipotentes.

O segundo método é corrente, assimilável à utilização do tecido fetal, e é legalizado em numerosos países europeus. O primeiro é uma técnica que coloca, aos que defendem o argumento da sacralidade da vida, a questão do estatuto de células embrionárias. Haveria aí uma diferença filosófica fundamental entre criar embriões para a pesquisa ou utilizar embriões congelados saídos da PMA? Certos pesquisadores rejeitam o argumento da *dignidade potencial* desses embriões, que não pode estar ligado de modo indiferencial unicamente a sua destinação, mas a uma decisão que faria, a partir de certo grau de desenvolvimento, seres aparecerem à *espécie humana*. Retornaremos a isto.

Podemos então definir de modo consensual o estatuto ontológico desses embriões ou estamos condenados a uma confusão epistemológica entre os diversos jogos de linguagem que representam as convicções em conflito? No mundo neoliberal, o poder das firmas privadas que influenciam a orientação da pesquisa pública poderia impedir os Estados de desempenhar seu papel de terceiro termo mediador entre os campos ideológicos, necessidade pela incerteza, entretida em termos de gestão de conflitos de interesses em torno dessas questões de bioética. Em um modelo político reacionário, o fundamentalismo religioso se oporia ao pluralismo democrático para impor um modelo patriarcal e autoritário clássico, fundamento político desses Estados. Mas, em uma perspectiva pragmática de controle da reprodução, essencial para a economia dos países ocidentais, a fraca taxa de natalidade é percebida como uma ameaça econômica, sem que o reconhecimento socioeconômico da maternidade não seja nem necessária, nem suficientemente valorizado. A dificuldade é constatar que, frequentemente, esses escolhos se misturam e que assistimos, nesses países de economia neoliberal, a um retorno do discurso moral contra a ética pluralista, em nome da própria dignidade humana, cuja definição seria o monopólio de Estado que geraria assim os costumes sociais desses concidadãos *em bom pai de família*. O caso é evidente para a administração Bush, mas também para a de Berlusconi, e, em menor escala, para o ex-ministro da Saúde na França, Jean-François Mattei, que fez da pesquisa em embrião, conduzindo inevitavelmente à clonagem humana, um crime contra a humanidade e contra a espécie humana.

Para antecipar a emergência de um discurso moral que pode condenar a utilização de embriões e entravar as pesquisas, a empresa Geron foi a primeira a criar um comitê de ética interna, tendo por função tranquilizar e preceder as questões éticas do público. Este ato inovador pôs de modo acurado a questão da interação entre pesquisa em fundos privados e sua legitimação pública através de um discurso bioético consensual, retomado nos Estados Unidos da América pelo próprio NIH (National Institute of Health), organismo federal que financia toda a pesquisa pública americana no domínio da saúde, na dianteira da pesquisa mundial. Esse acontecimento marcou uma virada no discurso bioético que deixava os departamentos de teologia ou, antes, de filosofia, para os conselhos de administração das empresas privadas. Isto provocou uma tensão acrescida entre o modelo pragmático e utilitarista da pesquisa americana, em um contexto político conservador, e aquele, mais principialista, da pesquisa europeia, vivendo ainda sob o fantasma do processo de Nuremberg e associando toda experimentação em material biológico humano a um crime contra a humanidade. Essa tensão coloca a questão das condições da legitimidade da dependência dos organismos de pesquisa com os poderes políticos ou econômicos. Tornava-se claro que a polêmica a propósito da experimentação em células-troncos embrionárias engajava outros riscos que aqueles relativos à moral. O potencial terapêutico da clonagem de células-troncos permitiu em alguns meses (em maio de 1999) à pequena empresa Geron adquirir o famoso Roslin Institute (em que nasceu a ovelha Dolly), Biomed e Clonetech, ser cotada na bolsa (GERN) e tornar-se, sob a direção de Michael West, Advenced Cell Technology (ACT), sociedade de medicina regeneradora. A sociedade ACT guardou o comitê de ética que havia sido criado por Geron, mas dirigido por Ronald Green, professor no colégio de Dartmouth, depois que Arthur Kaplan recusou que seu nome caucionasse a aliança do lucro e da ética. Esta fusão de três sociedades permitia ao diretor de Geron depois de ACT associar três tecnologias de ponta complementares e de tornar-se líder em seu mercado, depois de ter obtido o brevê em células humanas pluripotêntes, ao prometer estabelecer um laço entre engenharia genética e terapia gênica.

No início da pesquisa em células-troncos, para o comitê de ética da Geron, ainda uma pequena firma pouco antes de entrar na bolsa,[22] era unanimemente aceitável continuar as pesquisas em células-troncos embrionárias contanto que as seguintes condições fossem respeitadas:

– O blastocisto deve ser tratado com o devido respeito de um tecido embrionário precoce.

– As mulheres/casais doadores de blastocistos em um processo de fecundação *in vitro* devem dar seu consentimento esclarecido quanto à utilização desses blastocistos para a pesquisa e para o desenvolvimento de triagens celulares a partir desse tecido primordial.

– A pesquisa não implicará de forma alguma uma clonagem para uso reprodutivo, nenhuma transferência em útero de mulher ou criação de quimeras.

– A aquisição e o desenvolvimento das células-troncos não devem violar as normas aceitas concernentes à pesquisa humana ou animal.

– Todas essas pesquisas devem ser efetuadas no contexto do respeito pelo princípio de justiça global.

– Toda pesquisa em células-troncos embrionárias deve ser aprovada por um comitê de ética independentemente até do comitê de ética local.

Essas regulamentações muito vagas foram quase todas adotadas pelo NIH e pela Convenção europeia para a pesqui-

[22] Geron, http://www.geron.com/GeronPress, assim como o dossiê especial estabelecido pelo *Hasting Center Report*.

sa em células-troncos. Três escolas brigavam em torno dessa questão, separando:

1. Aqueles que atribuem um estatuto ontológico à concepção, unindo o patrimônio genético dos dois pais e sacralizam os dados biológicos (escola genética).

2. Aqueles que separam o estatuto ontológico-moral e a vida, atribuindo estatuto moral apenas à pessoa no estádio de um desenvolvimento mais tardio e por etapa do blastocisto no feto etc. (escola gradualista).

3. Aqueles que compartilham, com a escola gradualista, a ideia de que a pessoa é fruto de um processo, mas recusam que a noção de pessoa seja definida biologicamente e se apoie em uma visão existencial da pessoa em uma dada sociedade.

Uma aproximação pluralista teria a tendência de privilegiar na ordem as duas últimas posições em termos pragmáticos, recusando que um único critério possa definir para todos a significação que deve ser dada à origem humana das células, com a intenção de que seja preservada a *naturalidade biológica.*

Para justificar a pesquisa em células-troncos, o critério de partida era não prossegui-la, senão com a finalidade de reduzir o sofrimento humano, o que permitirá provavelmente a aplicação dessa pesquisa em termos clínicos e farmacêuticos. Se uma resistência interpretativa em relação à factualidade aparece em termos epistemológicos, em que condições ela pode ser posta sem ser amplificada para não induzir uma atitude reacionária em um público que a ignorância ou a incompreensão só pode tornar desconfiada? É preciso sublinhar que, em face da ignorância, o argumento do declive escorregadio é aquele que é o mais frequentemente invocado, ao passo que não é difícil de mostrar quanto, em termos de argumentação filosófica, este método é falacioso. A analogia entre o estádio de desenvolvimento e o estatuto moral é cada vez menos evidente. Se as células-troncos são intencionadas como um embrião, elas têm um estatuto moral superior no cenário dois em que elas seriam órgãos-médios. Uma visão mais funcionalista pode, porém, ser considerada como razoável, enquanto a fecundação não é resultada de uma nidação no corpo da mulher. Esta liberdade de agir em um embrião engaja novas responsabilidades que devem ser pensadas coletivamente para além dos conflitos de interpretação, mascarados por conflitos de interesses confundindo *afirmações científicas* e *dados científicos*. A importância desses dados transborda o espaço de um único laboratório de pesquisa por seu impacto clínico cada vez mais rápido e suas recaídas socioeconômicas cada vez mais planificadas. O aleatório e a incerteza inerentes à pesquisa são abandonados para entrar em um modelo de gestão econômica necessariamente mais pragmático que principialista. A resposta jurídica, fundada na deontologia kantiana em nossas democracias, parece então não-adaptada para responder a essa evolução, ao passo que o modelo anglo-saxão, baseado na jurisprudência, acolhe a evolução das técnicas de modo muito mais simples.

Parece que temos elementos suficientes para estabelecer esta diferenciação epistemológica que nos resta a ser traduzida em termos jurídicos para visar um novo princípio de justiça. A questão ética que subsiste é aquela da produção possível em termos socialmente pertinentes de tal diferenciação. Para isto, o debate bioético deve afrontar os dissensos e refletir fora dos princípios propostos pelos comitês de ética das empresas privadas para evitar todo conflito de interesse. Se os progressos da pesquisa, aos quais atribuímos em nossa sociedade um valor ético, tiram sua legitimidade da finalidade de reduzir todo sofrimento inútil saído da injustiça da loteria natural, como legitimar que somente a política decida as propriedades dessa pesquisa?

Bioética ou vitalismo?

Diante da dificuldade de decisão em torno da questão daquilo que constitui a dignidade humana no conflito entre vitalismo, fixismo e evolucionismo, escolhas pragmáticas se elaboram sobre o consenso fundado na ética da discussão, elaborada por Jürgen Habermas em resposta à fragilidade do principialismo em resistir ao totalitarismo. Este se decide cada vez mais entre especialistas, ao passo que os riscos são cada vez mais privados, já que dizem respeito ao corpo e a filiação. Mas, para além da regulação das práticas produtivas, a mudança das representações confronta alguns com a seguinte questão: o que se torna o ser humano na era da reprodução assexuada ou como gerir o jogo de interesses e das paixões? Como evitar fazer política em nome da ciência e visar uma perspectiva ecopolítica de modulação da força que vai das ciências em direção ao debate público? Devemos orientar o debate das células-troncos e do estatuto do embrião para além do afrontamento estéril tecnofobia/tecnofilia, ao lembrar-nos que foi sempre o artifício técnico que nos permitiu *humanizar a Natureza*. A questão biopolítica fundamental permanece a de saber como elaborar uma reflexão bioética preventiva, com a intenção de que essas pesquisas não contribuam para alargar o afastamento entre aqueles aos quais essas técnicas permitiriam passar à era da pós- ou trans-humanidade e aqueles que arriscam ser excluídos para sempre.

Como, entretanto, pensar o fato de que o genoma humano nos defina ao mesmo tempo como similares e inteiramente diferentes biologicamente? Trata-se de compreender a evolução genética e cultural da humanidade, especialmente graças às mutações, propriedade intrínseca do genoma. Como fazer sentido então a angústia milenarista em face ao perigo que poderia representar a modificação *artificial* do genoma humano? Haveria aí uma variabilidade boa e natural e outra má porque tecnocientífica? O problema estaria antes no modo cuja *manipulação* genética humana nos conduz a hierarquizar diferentes estádios de desenvolvimento (gameta, embrião, feto, indivíduo nascido)?

A inquietude de Habermas

O filósofo alemão Jürgen Habermas, em seu manifesto *O futuro da natureza humana*, interroga-se sobre a potência de transformação do genoma humano que as ciências da vida procuram. Tudo se passa como se duas naturezas humanas, uma biológica, a outra histórica e cultural, se afrontassem, o que aparece como atualização do debate heideggeriano sobre o perigo da mistura entre natureza e técnica que corre o risco de instrumentalizar a natureza humana. A própria ideia de estádio biológico do desenvolvimento é hostil a uma visão essencialista do humano, dando um estatuto intrínseco a todo embrião desde a fecundação. Este argumento deve escapar a todo olhar crítico em nome do pluralismo democrático? Qual é o papel ou a função do discurso bioético nesse debate? O livro de Habermas, denunciando o eugenismo democrático, deu a numerosos políticos uma aparência de respostas claras a esse propósito, permitindo a eles elaborar leis na urgência do perigo que poderia representar o crime irreversível contra a humanidade perpetrada pela ciência. Todos esses anátemas podem, todavia, ser considerados como argumentos que tornam legítima toda pesquisa em embriões ou estamos em face de amálgamas sabiamente manipulados por políticos e, de maneira mais inquietante, pelos próprios filósofos?

Não podemos, então, tratar aqui da questão filosófica que constitui a vontade política de fazer do embrião um membro da cidade, sem nos referir, mesmo que brevemente, à história dessas noções filosóficas e ao distingui-las de toda manipulação ideológica, cujos riscos deverão ser esclarecidos. Todo debate bioético revela uma crise do juízo em face a uma tecnologia, principalmente a transferência de núcleo. Ela consiste em retirar o núcleo de uma célula de um organismo adulto e em transferi-la para um óvulo enucleado de um organismo da mesma espécie que dá à célula novas propriedades de um embrião que teria sido produzido por fecundação (*in vitro* ou *in vivo*) de um óvulo para um espermatozoide. Biologicamente, isto coloca em questão a ideia de que o genoma do ovo fecundado contém a totalidade do programa de desenvolvimento, já que reprogramações das células germinais são doravante possíveis. Este ato técnico transtorna as marcas normativas da filiação de um ponto de vista jurídico, ético e político.[23]

---

[23] Marcela Iacub. *Pensser les droits de la naissance*. Paris: Puf, 2002.

O corpo e a política

A questão do laço entre moral e política, desde que se trate do corpo, levanta fundamentalmente o problema de saber se o império da moral pode estender-se a todas as atividades humanas individuais ou coletivas e se a política deve confundir-se com a moral comum ou funcionar, ao contrário, como um terceiro mediador e regulador entre os indivíduos. Quais são as razões ético-políticas para proibir essas técnicas,[24] antes mesmo que a clonagem reprodutiva seja realizável? O que representa a ideia de reproduzir um ser geneticamente idêntico em termos de visão simbólica social? Mas, sobretudo, o que justificaria que uma visão simbólica do humano prevaleça sobre outra e possa incriminar a reprodução assexuada?[25] Como julgar, em face da ausência de critérios partilháveis e dos discursos ansiogênicos que conduz ao recôndito identitário, não somente em termos nacionalistas, mas ainda em termos de identidade do humano? Constatamos uma ressurgência forte da autoridade moral do Estado que responde a fragilização da

[24] Transferência de núcleo de um ovo normalmente fecundado em um óvulo enucleado de uma mulher, cisão de embriões, clonagem por transferência de núcleo, clonagem de descendências celulares (não reprodutiva).

[25] Ver a lei Mattei adotada na França em 30 de janeiro de 2003, que consiste em fazer da clonagem reprodutiva humana um "crime contra a humanidade" e que pune o fato de recorrer à clonagem reprodutiva humana com uma pena de trinta anos de reclusão criminal. Este crime é colocado entre o crime contra a humanidade e o crime contra a pessoa, e deixaria entender que certos nascimentos são assimiláveis aos piores assassinatos de massa cometidos no século XX sob o regime nazista. Poderia parecer que o argumento do declive escorregadio tenha aqui escorregado longe demais!

referência identitária dando mais ênfase ao Estado, o que só pode ser justificado pela síndrome do 11 de Setembro. Esse fenômeno exigiria, porém, redefinir com audácia os limites do poder do Estado em intervir nas questões que colocam em relevo o corpo próprio, e não o corpo social, tal como a morte e a reprodução. O procedimento do biodireito deve precisamente estabelecer limites à autoridade do Estado sobre a vida e a morte. Como analisar, então, as recentes modificações das leis da bioética francesa em que reaparece um dirigismo estatal em nome da moral universal que coloca de fato entre parênteses os direitos subjetivos? Os partidos conservadores tradicionalmente legitimaram a intervenção da lei e da justiça para reprimir a licença de costumes, ao passo que os partidos progressistas reivindicam, de maneira às vezes ingênua, uma liberdade que despreza todo determinismo social e biológico. O paradoxo em torno da questão da clonagem de células-tronco é que parece ter aí um consenso entre a esquerda e a direita, pois a esquerda reivindica a subordinação a causas coletivas, e preservar a humanidade é uma causa que deve ser defendida coletivamente. A confusão entre diferentes aproximações de humanismo se opera, já que a experiência dos totalitarismos e da história do eugenismo de Estado faz os espíritos aderirem à necessidade de regras morais superiores que permitiram definir o que John Rawls chama de *direitos das pessoas*.[26] Mas, aqui, o Estado de direito se faz o porta-voz de todos e coloca precisamente em questão o direito das pessoas contra o Estado, ainda que seja o Estado de direito. É precisamente sobre esse

[26] John Rawls. *The law of peoples*. Retomando como *Droit des gens* para a tradução francesa. Paris: Esprit, 1996.

consenso que será preciso interrogar-se para que o dissenso possa permanecer o fermento da democracia. Colocaria como hipótese que o debate é tanto mais encrespado que o espectro da clonagem reprodutiva assexuada recoloca radicalmente em questão o modelo patriarcal do político, todos os partidos confundidos. Esse modelo foi fundado na representação da filiação ligada à hierarquia da natureza entre os sexos, o que não deixa de colocar problemas; desde então, a reprodução pode se fazer de maneira assexuada e escapar assim da tradicional divisão dos gêneros e da hierarquia social que ela parecia engendrar naturalmente.

Do argumento ontológico ao assassinato metafísico

A sentença Perruche provocou uma crise do direito francês, muito bem analisada na obra de Olivier Cayla e de Yann Thomas, que mostraram a inflação fetichista da noção de dignidade no momento em que ela é aplicada ao embrião, que desfaz toda coerência de nossas categorias antropológicas. Eles denunciaram o argumento ontológico: "Não há ordem política concebível em que a vida do ser humano possa ser pensada e organizada, abstração feita de sua causalidade natural".[27] Esse argumento não é precisamente posto em questão pelas técnicas de reprodução assistida? Com efeito, a confusão do debate *bioético* e político em países fundados sobre os princípios uni-

[27] Olivier Cayla, Yan Thomas. *Du droit de ne pas naître. À propos de l'affaire Perruche*. Paris: Gallimard, "Le Débat", 2002.

versais dos direitos do homem, pensados como direitos naturais, consiste em que se confundem aí o plano da Natureza e o da biologia, como a questão do sujeito metafísico e da pessoa deontológica. Olivier Cayla e Yann Thomas mostraram, por exemplo, no parecer do Comitê de ética francesa:

> A vida procede unicamente da geração biológica, abstração feita daquilo a que se engajam hoje os conhecimentos renovados que temos dela, abstração feita da distância que os saberes e os poderes não cessam de cavar entre a natureza e nós.

É assim que o estatuto do embrião e o alargamento ao absurdo do conceito de pessoa ao feto e ao embrião tornaram-se um risco político maior em nosso tempo, que divide profundamente os partidos políticos e, no seio da Comunidade europeia, os antigos membros e os novos membros, pertencendo a maioria, e especialmente na Polônia, a países católicos tradicionalistas, onde essas questões revestem a violência de novidade.

Se a união orgânica com o corpo da mãe interroga o laço no plano patrimonial, o envoltório uterino, graças à mediação biopolítica da medicina, não constitui mais, hoje em dia, obstáculo para a investigação política e permite a individuação afetiva do embrião e do feto que ninguém queria alargar à esfera jurídica. A fabricação de imagens médicas, ao dar uma visibilidade social ao embrião, teve consequências políticas nos direitos reprodutivos das mulheres, recentemente recolocados em questão pelos partidos conservadores tanto na Europa quanto nos Estados Unidos da América. Tudo teria começado com a legitimação da reprodução assistida que homologa um *ethos* social dominante, permitindo aos comitês de ética intervir legitimamente como instância exterior de controle das práticas reprodutivas. Esta aproximação foi confirmada pelo uso do conceito de embrião como "pessoa humana potencial" pelas leis de bioética francesas em 1994, ao passo que não se hesitava em congelar ou em selecionar, em experimentar, seguindo nisto a ordem dita natural, já que os três quartos dos embriões não engancham no útero e são eliminados naturalmente.

Se, no debate que nos ocupa, o lugar atribuído ao embrião na cidade, cada protagonista avança seus próprios critérios para justificar ou não o estatuto jurídico e político do embrião, a rede de decisões em torno do embrião inclui cada vez mais protagonistas, desde que a procriação medicalmente assistida a delocalizou para fazer dele um nômade de laboratório. Seu estatuto diaspórico permanece, todavia, ligado à finalidade que lhe é outorgada e que não é mais necessariamente a de ser levado para tornar-se uma pessoa e então um membro da cidade.

Se o corpo da mulher não é mais o lugar privilegiado da concepção, o que permanece da mãe biológica ou social, todavia, juridicamente responsável principal do destino do embrião? O deslizamento em direção da *noção de demanda parental* que parecia igualitarista é enganoso, pois ela privilegia a concepção e o re-encontro do material biológico em relação à gravidez. Esta escolha não é neutra em termos normativos porque ela recoloca fortemente em questão a lei sobre o aborto como referência normativa, determinando quem está no direito de tomar uma decisão sobre o destino do embrião precoce.[28] Entretanto, a lei toma por referência a situação em que

[28] Na maioria dos países da Europa, o aborto não é penalizado até catorze semanas.

o embrião está no interior do corpo da mulher, ao passo que o embrião candidato ao FIV ou à experimentação permanece no exterior do corpo da mulher. Isto deveria mudar a preeminência da mãe em toda decisão relativa ao embrião? Somente se damos precisamente um estatuto de pessoa ao embrião!

A partir de quando somos uma pessoa?

Já em 1987, Anne Fagot-Largeault e Geneviève Delaisi de Parseval publicavam, na *Revista de metafísica e de moral*,[29] um artigo que marcou época, intitulado "Os direitos do embrião, do feto humano e a noção de pessoa potencial", mas cujas conclusões foram recolocadas em questão pelo avanço das pesquisas em células embrionárias. Porém, veremos que o questionamento que dizia respeito à legitimidade do aborto não é tão diferente para definir se o embrião congelado deveria ser considerado como uma pessoa e escapar assim da experimentação humana. Esforçar-me-ei para resumir aqui os argumentos que permanecem pertinentes para nossa problemática, a saber: em que condições o embrião deve ser reconhecido como um indivíduo ao qual devemos uma proteção moral e jurídica? A segunda questão consiste em avaliar por que temos a vontade de dar ao semantema *embrião* um estatuto tão protegido.

A primeira constatação visa à necessidade de estabelecer uma hierarquia na diferença entre responsabilidade individual da mãe e uma responsabilidade coletiva em direção à criança que nascerá. Para responder a essa questão, é preciso, porém,

[29] *Revue de métaphysique et de morale*. N. 3, 1987.

questionar a pertinência de um estatuto jurídico do embrião. Como fundar um consenso social sobre uma questão tão privada? Podemos começar colocando essa questão em termos de direito subjetivo da mulher? O princípio do respeito da pessoa humana, tal como foi definido por Kant, foi retomado na Declaração Universal dos Direitos do Homem e estipula que os direitos do homem não existem senão depois do nascimento. Os fetos só têm então o estatuto jurídico de pessoa no nascimento, o que, em nossa sociedade da imagem, tornou-se contraintuitivo, porque a ligação se produz desde as primeiras ultrassonografias. O ovo tornou-se transparente e o discurso sobre a criança que vai nascer foi carregado de projeções afetivas, muito antes de seu nascimento. Devemos validar este alargamento do estatuto da pessoa ao feto? Dito de outro modo: podemos fundar o estatuto da pessoa no desenvolvimento biológico? Duas posições extremas se afrontam: uma essencialista, a outra existencialista:

– Basta, para ser uma pessoa, pertencer à espécie humana, possuir o genoma humano: o critério é biológico, até mesmo vitalista.

– É preciso, para ser uma pessoa, possuir bastante consciência e razão para entrar na comunidade dos sujeitos livres: o critério pertinente é ético ou cultural.

Definir o embrião para além do dualismo coisas-pessoas

Reprovaram-se os *integristas* da tese biológica por confundir vida humana e pessoa humana. Mas esta confusão não está na própria base da tese? A dificuldade posta por esta tese está em que ela não permite distinguir o respeito do humano de um egoísmo da espécie. Esta ontologia substancialista é equilibrada, dizem-nos, por uma ontologia relacional.

Os espiritualistas colocam os biologistas fora do discurso, porque eles não teriam nada a dizer sobre a personalização do embrião humano que é reduzido a um construto cultural. Esta posição permite recusar a ideia de um estado pré-pessoal do desenvolvimento do embrião. A Igreja observa, porém, certa prudência e não se engaja em uma afirmação filosófica, mas na vontade de um *como se* que teria lugar em um projeto moral. Devemos fazer como se ele fosse uma pessoa, porque a cópula, por sua vez, não é incerta em termos de individuação. Se a fabricação de embriões em laboratório não implica sua reimplantação no útero de uma mulher, então seu vir a ser de pessoa, essa possibilidade não é nula para os gradualistas que atribuem uma dignidade ao embrião em ligação com seu grau de desenvolvimento e coloca uma questão metafísica de instrumentalização para aqueles que atribuem um estatuto de pessoa ao embrião, que a fecundação seja *in vitro* ou *in vivo*.

A Igreja denuncia no controle da fertilidade humana *uma dinâmica de violência e de dominação*. Encontra-se a formulação laicizada desse argumento nas opiniões do comitê francês que quer "evitar que uma relação toda poderosa não se institua no humano em nome do progresso científico. O princípio do caráter sacro da vida é considerado como implicando um direito do vivente à vida, que implica para a comunidade humana um dever de fazê-lo viver".

Esse princípio, aplicado ao período antenatal, é problemático se sabemos que, nas condições naturais de procriação, dois ovos fecundados sobre três morrem no decorrer das seis primeiras semanas. Ora, desde o diagnóstico pré-natal ou genético, temos acesso a conhecimentos que permitem retificar as *seleções da natureza*, até mesmo escolher qual embrião pode existir com uma qualidade de vida suficiente ou não. O vocabulário muda amplamente e fala-se de respeito pela *loteria genética*, as *centelhas do acaso*[30] sobre as quais se fundaria a singularidade da condição humana.

É a questão da liberdade de escolha que é finalmente percebida como um risco que não pode ser assumido. Como fazer sentido este medo? Se acompanharmos a posição biológica até no plano legislativo, tudo deveria ser proibido em termos de pesquisa sobre a procriação, e a procriação medicalmente assistida perderia sua legitimidade, assim como o diagnóstico pré-implantatório.

Em 1984, a Austrália se muniu de uma legislação que não proibia a pesquisa em embrião, mas sim a criação de embriões com o objetivo de pesquisa. Esta distinção foi retomada pelo Comitê francês de 1986. Peter Singer e Helga Kuhse (bioéticos australianos) argumentam, contra essa diferença, que a intenção na qual o embrião foi fabricado não faz nenhuma diferença para o embrião. A Igreja fala, então, de um direito do embrião a ser concebido por *método natural*. Os juristas se opõem a isso porque não se pode constranger as mulheres em sua liberdade, como se pretende constranger a conduta de uma pesquisa ou atribuir aos embriões produzidos de modo artificial os direitos inferiores àqueles embriões ditos *naturais*.

---

30 Henri Atlan. *Les étincelles de hasard*. Paris: Le Seuil, "La librairie du XX siécle", 2002.

No discurso bioético, que se alimenta essencialmente dos discursos neokantianos, tais como Hugo Tristram Engelhardt, Ronald Dworkin, Hannah Arendt, Paul Ricœur, é a autonomia do querer que faz a dignidade humana. "O respeito para com a personalidade do homem é um respeito para com algo inteiramente diferente do que a vida", dizia Kant. Não poderíamos então chamar à autonomia um ser que não tem a capacidade, diz-nos Engelhardt em 1986. O embrião não é senão uma pessoa provável e seria incoerente do ponto de vista ético dar o mesmo estatuto a uma pessoa provável que a uma pessoa real. Esta escolha do termo provável contra o termo potencial estabelece uma diferença ideológica importante entre o discurso continental e anglo-saxão. Isto nos conduz à seguinte questão: o conceito social de pessoa deve ser mais amplo que o conceito ético de pessoa defendido pelos neokantianos? Vimos que as posições essencialista e existencialista, radicalmente opostas, permanecem de acordo sobre este ponto: cada posição é respeitável em uma comunidade dada, mas nenhuma é globalmente praticável como escolha de sociedade. Como então pensar uma posição intermediária entre denegar ao embrião humano todo estatuto pessoal e conferir a uma célula a mesma dignidade moral que um ser racional, posição que seria finalmente todas duas contraintuitivas? O ponto de vista pragmático desenvolvido pelo relatório Warnock foi de concluir sobre a seguinte ideia: já que nossas posições filosóficas são inconciliáveis, deixemo-las de lado, paremos de perguntar quando o embrião torna-se uma pessoa, procuremos a partir de quando ele deveria ter o direito de ser protegido, porque o que deve ser não se infere daquilo que é! Esta posição pragmática permitiu desenvolver uma ontologia progressiva, empírica, em diálogo com o materialismo inerente à *démarche* científica.[31]

A ideologia do declive escorregadio, que imagina a pior das soluções como a mais provável, é muito rapidamente utilizada e será caucionada em 2002 pela autoridade moral que representa Jürgen Habermas, que defende, se bem que de modo muito fino, os mesmos argumentos, embasado na opinião filosófica e deontológica de dar um estatuto de pessoa ao embrião, a fim de prevenir toda deriva de procriação não sexuada, podendo conduzir a uma forma de partenogênese. Tudo se passa como se o mundo bipolar e hierarquizado do patriarcado, inscrito na metafísica ocidental, fosse colocado em maus lençóis pela perspectiva gradualista, colocando em questão o dualismo cartesiano e parecendo confirmar a eficácia de uma filosofia monista e materialista como a única capaz de *coexistir* com a epistemologia das ciências biomédicas.

Bioética e natureza humana

Esta temática do risco em direção à identidade da natureza humana como natureza sexuada se amplificará na França com o caso Perruche e a lei Mattei, assimilando a manipulação de células embrionárias a um "crime metafísico contra a humanidade". A prisão de Perruche homologava o fato de que a reprodução

[31] Mary Warnock retornou a isso recentemente em um livro intitulado *Making babies: is there a right to have children?* Oxford: Oxford University Press, 2002.

assistida implica uma gestão biopolítica da qualidade da vida humana. Com efeito, o caso Perruche mostrou claramente que a questão biopolítica de *quem decide* o aborto terapêutico era uma questão política. Se a política é fundada no modelo patriarcal da filiação,[32] subverter o modelo temporal da filiação pela clonagem reprodutiva, que não é uma técnica melhorada da PMA, voltaria teoricamente a subverter o modelo hierárquico do político. Tanto que a clonagem reprodutiva era tecnicamente impossível, não havia necessidade de ser proibida. As técnicas reprodutivas, ao tornar possível a fabricação do humano, embaralhavam de modo irreversível toda representação idólatra da natureza humana. Aí se situa toda a questão. Se o político regulava o possível e a clonagem reprodutiva tornava-se, graças às leis, impossível, duas possibilidades se ofereciam a ele:

1. Declarar este possível impossível (lei Mattei) é uma tentativa que visa afrontar de modo preventivo as consequências desse possível ao regulá-lo, como toda questão de bioética, de modo antecipado e frequentemente excessivo, a ignorância alimentando o medo mais do que a razão.[33]

2. O clone não podendo ser recusado como não pertencendo biologicamente à espécie humana, outro motivo de exclusão deveria ser inventado. Seria preciso fazer um pária, paradoxalmente um ser excluído do direito de nascer, cujo engano seria questionar a necessária naturalidade da reprodução.

---

[32] Conferir M. Baum. In: Nathalie Schiffino e Frédéric Varone (ed.). *Procréation médicalement assistée: régulation publique et enjeux*. Bruxelles: Bruylant, 2003, p. 219-243.

[33] Conferir H. Atlan. *La science est-elle inhumaine?* Paris: Bayard, 2002.

Como em todas as formas de reprodução assistida, essas técnicas, contrariamente ao pavor do grande público, não se tornariam a norma e restariam excepcionais, mesmo depois da regulação! Porém, a ordem social não foi particularmente mudada, como anunciavam, depois do nascimento da pequena Luise Brown, as mídias com alarido. Os pressupostos do direito natural, do direito patrimonial e do direito de família aparecem mais frágeis, até mesmo saídos de uma construção narrativa entre outras, o que coloca em questão a ideia dos fundamentos necessariamente patriarcais do político. É assim que podemos compreender que os regimes políticos, querendo legitimar essa proibição da pesquisa, tenham insistido tanto na incerteza desses resultados em face da potencialidade das células-troncos adultas que permitiriam não tocar nas células-embrionárias, controversa por razões religiosas ou por revelar o direito natural. Como ultrapassar esse debate de opiniões que conduz ao relativismo mais incoerente e afirmar o respeito dos direitos subjetivos em um quadro de direito público mínimo? Está aí todo o debate entre liberalismo e comunitarismo.

O impasse em face do imperativo de pensar de modo novo nossas relações com as nossas categorias políticas de indivíduo e de pessoa humana corre o risco, no clima de segurança destes últimos anos, de dar uma deixa aos fundamentalismos. Para resistir a isso, temos necessidade de um mínimo de coerência interna de nossos sistemas jurídicos de referência, normativos e decisionais. É aqui que o alcance do discurso bioético, como lugar de construção de consenso de convicções morais, encontra ao mesmo tempo sua significação política e seus limites. A questão metodológica permanece a de saber como um discurso bioético, cujos princípios estão em perpétua tensão, pode desempenhar o papel de conciliador social entre posições morais que, ainda que plurais, exigem uma coerência interna e uma compatibilidade com o ideal democrático. Como então interpretar o fixismo de modelos políticos que recusam a gestão do acaso ao fazê-la a origem sacra da vida?[34] Este pensamento dualista opõe necessariamente determinismo biológico e liberdade humana, ilustrando a ideia de que basta não compreender para moralizar, ao passo que a ética consiste em estabelecer uma tipologia dos modos de existência ao inverter o sistema de julgamento (bem-mal) para nele substituir a diferença qualitativa dos modos de existência. Tal seria ou deveria ser a diferença entre bioética e moralismos.

Atrás do argumento da proteção da vulnerabilidade do feto, depois da vulnerabilização do conceito de humanidade, o que se esconde? Devemos construir uma posição *a-moral* que colocaria fim nos conflitos de convicções em uma *démarche* puramente movida por procedimentos de proteção das autonomias? Não haveria aí apenas um conflito entre liberdades que se poderia resolver em termos de compromisso sobre a segunda ou a terceira escolha dos conflitos internos entre protagonistas? Para além desta confusão entre sacro, qualidade de vida e elementos sociológicos, modos de existência entram em jogo. Vimos que a procriação dessexualizada fez vacilar a ordem jurídica e política, já que a criança não é mais obrigatoriamente concebida ou levada no ventre de sua mãe e que

---

34 Henri Atlan mostrou em *Les étincelles de hasard* como "a existência de um sentido dos acontecimentos naturais dependem da faculdade que os homens têm de domesticar o acaso" (Paris, Le Seuil, "La Librairie du XXe siècle", 1999, T. 1, p. 372).

os pais biológicos podem ser mais do que dois. Aqui, a ambiguidade maior do discurso se alimenta da assimilação entre as representações do engendramento e da filiação.

Por que o artificialismo da intenção não seria socialmente mais significante do que a partilha de um *patrimônio genético*,[35] como o mostrou o juiz do caso Buzzancca (com seis pais potenciais) que sustentou a crônica nos Estados Unidos? A questão da clonagem pode ser abordada através de muitos vieses e é, precisamente, parece-me, a confiscação da pluralidade dos jogos de linguagem por uma moral essencialista que faz da representação do clone um ser monstruoso, *inumano* por princípio e que empobrece o conceito de humanidade ao reduzi-lo ao que é, sem abertura reflexiva ao que poderia ser. Parece, desde então, que o *poder do horror*[36] tenha um papel e uma função política. Ele cria uma condição mínima de laço social, ele constrói em torno desse ser imaginário o clone humano, um ser condenado a não existir em nome do princípio de precaução. Esse poder de horror ou heurística do medo vem de modo cômodo colocar limites no pluralismo ético, mas, sobretudo, dourar com uma espécie de sensação angelical um universal *a priori* da noção de humanidade, que se recristalizaria em negativo em torno do horror consensual depois que ela toca a morte e a sexualidade, caças guardadas, não faz muito tempo, da teologia e da metafísica. Essa crença partilhada permite construir um consenso em torno

---

[35] Refiro-me aqui à conferência dada por Marcela Iacub em 19 de março de 2004 no Collège de Philosophie de Paris, sobre o caso Buzzanca, mostrando que o artificialismo da maternidade precedeu as técnicas medicalizadas de reprodução.

[36] Expressão que atribuo a Julialia Kristeva.

de um magistério bioético, cuja função seria, segundo a feliz expressão de Dominique Memmi, restabelecer em uma sociedade secularizada guardiões do corpo. Jürgen Habermas compreende bem que "as técnicas da genética do desenvolvimento intervêm no laço intergeracional e a perturbam completamente".[37] Entretanto, ele chega muito rápido à conclusão de que a extensão das técnicas de reprodução assistida apaga a distinção entre eugenismo negativo e eugenismo positivo. O humanismo tradicional quer, com efeito, munir-se previamente da manipulação das características biológicas do homem. A ameaça de eugenismo está associada aos conhecimentos e às técnicas que a genômica coloca a nossa disposição. O objetivo desta oposição seria manter de modo fantástico a essência da natureza humana ainda em uma perspectiva fixista. Esta atitude nos convida a refletir sobre a natureza da moral – dito de outro modo: sobre a legitimidade do direito dito natural. Habermas, em *O futuro da natureza humana*, não critica verdadeiramente "[...] a hipótese segundo a qual a tecnicização da 'natureza interna' representaria qualquer coisa como uma transgressão dos limites naturais".[38] O que Habermas critica é a ideia fantasmática de um designar que "agulharia, segundo suas preferências pessoais, a identidade de outra pessoa", o que coloca Habermas já no campo daqueles que consideram o embrião como uma pessoa, o que, como vimos, não é neutro filosoficamente. Segundo Habermas, a genômica invadiria "o espaço deontológico protegido, essencial à pessoa futura". Parece-me, todavia, que este argumento deonto-

---

[37] J. Habermas. *L'avenir de la nature humanine: vers um eugénisme liberal?* Paris: Gallimard, 2002.
[38] Ibid., p. 128.

lógico não tem nada haver com a terapia gênica e coloca em relevo um argumento falacioso, porque a única legitimação da terapia gênica é sua visada terapêutica e clínica negociada com os futuros pais. Ele se opõe explicitamente à filosofia anglo-saxônica, especialmente à Nagel e Dworkin que consideram que essas terapias corrijam a loteria genética ao instaurar mais justiça. Para esses autores trata-se, com efeito, menos de definir o perfil genético de uma criança do que corrigir certos dados a fim de evitar deficiência grave. A seleção precoce permite intervir em um material biológico que não pode ser, em sua perspectiva gradualista, qualificada de pessoa. Habermas gostaria, porém, de se situar não em uma perspectiva vitalista de sacralização da vida, mas em uma perspectiva puramente deontológica em que o consentimento da pessoa potencial não poderia ser questionado, o que anularia a legitimidade da intervenção irreversível. Os pais não poderiam ser senão os terceiros cúmplices do geneticista *designer*: "Não podemos [...] exonerar-nos da carga que consiste em antecipar o consentimento ou a recusa possíveis da pessoa concernida".[39] Aí, ainda, re-encontramos uma premissa que não é partilhada pelo direito e pela própria deontologia médica, segundo a qual o embrião seria uma pessoa. Ele assegura seu argumento acrescentando: "Nós o podemos tanto menos se desejamos autorizar, no caso de patologias hereditárias pesadas, intervenções genéticas (até mesmo seleções) no interesse dos próprios deficientes".[40] Ele evoca, também, o argumento do declive deslizante nesses termos: "mas é igualmente admissível o prognóstico que prevê que o limite da tolerância do que é con-

---

[39] Ibid., p. 132.
[40] Ibid.

siderado como 'normal' pelo fato de costume cumulativo correr o risco de ser afastado sempre para mais longe em favor de normas de saúde sempre mais exigentes – e de intervenções genéticas permitidas".[41] Para evitar esta deriva, ele propõe uma ideia reguladora que consiste em submeter "ao consentimento calculado, pelo menos de modo contrafactual", as pessoas futuras, o que dá no mesmo que duvidar da responsabilidade dos pais em defender o interesse de suas crianças, porque, ele acrescenta: "aquele que recusa uma prática eugênica permitida ou que se tornou habitual e prefere aceitar a deficiência que poderia ter sido evitada, expõe-se à reprovação de não-assistência e eventualmente ao ressentimento de sua própria criança". Isto parece contraditório, porque recusar uma terapia é o mesmo que decidir por sua criança que sua qualidade de vida vale menos do que a autêntica natureza que lhe foi dada por acaso. Em uma perspectiva kantiana, ele insiste na heterodeterminação da natureza que condicionaria os limites de uma liberdade intervencionista. Ele compreende, todavia, que o "eugenismo liberal nos coloca o desafio de regular o futuro biogenético das gerações futuras". Mas a questão permanece: por que considerar que a biogenética transgrida a *natureza humana*? Por que a expressão negativa *autoinstrumentalização da natureza humana*? Habermas afirma que ela modificaria as regras do jogo moral de nossas democracias: "ao mesmo tempo, a forma moderna de universalismo igualitário enquanto tal não é mais evidente".[42] Porém, os autores anglo-saxões defendem que não estaríamos mais no *como se*, mas que, precisamente, graças ao microeugenismo privado que

[41] Ibid., p. 133.
[42] Ibid., p. 135.

constitui a terapia gênica, seríamos capazes de corrigir as injustiças da *loteria natural*. Estamos, é verdade, na orla dos novos possíveis da genética. Poderíamos ser conduzidos a intervir em nossos determinismos, precisamente com um cuidado de igualdade, ao recusar que a irredutibilidade de cada um tire necessariamente sua dignidade do acaso. Com efeito, o universalismo mais importante seria, para Habermas, o único fundamento consensual em sociedades onde prevalece o pluralismo das visões, porque ele funda o regulamento normativo das práticas. Ele deduz, sem nos convencer, que a regulação biogenética e o universalismo moral seriam incompatíveis. Em face das diversas concepções do humano que concorrem entre si desde o darwinismo – naturalismo e versões metafísico-religiosas – existe um confronto indispensável. Para além do pluralismo, Habermas supõe um *Nós* que funda a ética da espécie humana. Mas, precisamente, de qual *Nós* se trata em uma sociedade secularizada e pluralista? Habermas afirma, porém, não poder retornar às "certezas falaciosas da metafísica", e conclui que, desde então, só podemos esperar um "dissenso persistente". O autor atribui um lugar privilegiado ao argumento segundo o qual todas as éticas da espécie humana não valorizam do mesmo modo a ideia de que somos moralmente responsáveis. Esta liberdade responsável torna ilegítima a instrumentalização da vida antepessoal, mas não temos aí senão uma intuição moral entre outras intuições morais heterogêneas. Ele faz referência a Robert Spaemann para afirmar que uma aproximação puramente empírica da genômica, que funcionaria em termos de ensaios e erros, "faria com que a moral dependesse das imagens do mundo, devendo encontrar-se em uma relação fundadora circular". Isto implica o risco, para Habermas, de um abandono do fundamento dos direitos do homem que conduziria à renúncia de todo fundamento normativo dos conflitos de convicções embasadas em prejuízos culturais. Em outros termos, o eugenismo democrático coloca em perigo o universalismo igualitário e enfraquece as *pressuposições naturais da moral.* Com efeito, para Habermas, "as imagens naturalistas do mundo são menos perigosas que as biotecnologias, cujo desenvolvimento se persegue sem freios".[43] Isto me parece menos um argumento filosófico do que a defesa não argumentada de uma *doxa.* Este sentimento é reforçado pelo argumento segundo o qual toda forma de clonagem terapêutica convidaria ao declive escorregadio da clonagem reprodutiva, o que é o mesmo que marcar pouca fé nesses valores democráticos e deontológicos que ele mesmo usou para forjar novamente no pós-guerra através da ética da discussão. Jürgen Habermas compreende mal, aliás, a resistência a seus argumentos por parte de seus colegas anglo-saxões (ou alemães, Peter Sloterdijk especialmente) que, não sendo kantianos, resistem aos argumentos da heterodeterminação. Ele parece não compreender que, para Ronald Dworkin, o argumento é sem objeto, porque, à luz de um conhecimento axiológico objetivo, é legítimo, até mesmo responsável, escolher tal ou tal característica genética para o bem da criança.

Vemos bem que nos encontramos em face de referências culturais heterogêneas. A hierarquia entre os modelos tendo efeitos práticos não pode estabelecer-se senão entre termos de inferência. Em uma perspectiva pragmática e gradualista, não podemos logicamente assimilar embrião e pessoa. A posição de Habermas, que se quer deontoloógica, re-encontra em ter-

[43] Ibid., p. 138.

mos de consequência as posições metafísicas que ele mesmo denunciava em outras obras, porque elas fundam a justificativa em uma ideia de verdade do humano que, precisamente, não pode justificar-se de maneira partilhada, sendo intrinsecamente metafísica.

A ATITUDE EUGÊNICA É INERENTE ÀS NOVAS TÉCNICAS DE REPRODUÇÃO?

Habermas ri do grito de alarme[44] que denuncia o declive deslizante[45] do eugenismo privado ao eugenismo público. Ele denuncia a ausência de relação intersubjetiva possível entre embrião e médico, tornando impossível uma relação discursiva e respeitosa do consentimento esclarecido do paciente. Isto reduziria o médico a um técnico-designer, tratando o embrião como um material de mais ou menos boa qualidade e só reimplantando os *belos embriões*. Este argumento parece falacioso, porque ele parte ainda uma

[44] Todavia, quase não há termo mais problemático do que "eugenismo". Todos os usos desta palavra estão hoje governados por intenções polêmicas e conflitos de interesse em torno de: a) a normalização do uso do embrião na cidade e b) a reprodução através de regras universais que visam preservar um mítico *patrimônio genético do humano*.

[45] É preciso definir esta noção como um argumento de autoridade que, aqui, toma a forma empírica, segundo a qual A conduzirá, por razões de processos sociais, necessariamente a B. A intenção primeira deste tipo de argumento é prever a mudança para permanecer em um *statu quo*, o que conduz geralmente a argumentos conservadores, até mesmo reacionários.

vez da pressuposição de que o embrião é uma pessoa, ao passo que tudo o que podemos dizer é que ele pertence ao humano. Este é precisamente o objeto de debate que é evitado ao falar de humanidade assexuada do embrião. Jürgen Habermas nos força a escolher entre o que ele considera ser um essencialismo da natureza humana e uma ética da espécie humana que, querendo-se de antemão universal, seria o fundamento dos direitos do homem e do universalismo alargado. Esta posição ética conduz logicamente a sustentar que a pesquisa em células-tronco encoraja maciçamente *as atitudes que fazem passar de um eugenismo negativo a um eugenismo positivo* e torna ilegítimo toda terapia gênica em nome de princípios. Este argumento nos parece inaceitável em termos de razão prática, porque o único discurso bioético defensável consistiria em restabelecer relações com *a razão prática*, ao integrar toda complexidade dos princípios universais e a dimensão narrativa e singular das crises da existência, que são o nascimento, a doença e a morte.[46] Sem esta tentativa de reconciliação, a biopolítica se reduz a secularizar os fundamentalismos em conflito, sejam eles religiosos ou científicos.

Isto quer dizer que estejamos condenados a ser irracionais em face a nossas escolhas morais ou que, ao contrário, a racionalidade deva, no momento em que se trata de nosso corpo, passar ao plural? O universal não pode ser constituído por uma tecedura do *nós* que dá um tecido social transcultu-

---

[46] Hoje, precisamente, essas noções, que revelavam o destino, revelam a escolha que podem implicar outrem, e então nossa responsabilidade.

ral! A tensão entre eu e nós deve passar-se como uma tensão entre comunitarismo e universalismo ou deve permitir esta dialética do eu-nós [je-nous][47] que articula prática e falas, afetos e razões?

A INVIOLABILIDADE DO CORPO HUMANO

O princípio primeiro que deve ser defendido do ponto de vista de Habermas é a *inviolabilidade do corpo humano*. Mas, para o embrião que não tem ainda verdadeiramente um corpo, de que inviolabilidade se trata, se não é a do conceito de corpo humano? Em face dos usos sociopolíticos do corpo, Jürgen Habermas pretende não cair na denúncia do determinismo genético, mas, ao falar de *natureza subjetiva* do embrião do qual não poderíamos dispor, ele denuncia "uma submissão do corpo vivo e da vida à biotecnologia". Habermas parece misturar o distanciamento do procedimento que condiciona a neutralidade do Estado com um principialismo exacerbado. Ele se afasta assim radicalmente da posição materialista crítica da Escola de Frankfurt para zombar das visões neo-heideggerianas que tentariam re-encontrar a essência do humano em uma rejeição tecnofóbica de tudo o que poderia tocar a natureza sexuada do humano. Esta posição o conduz a um moralismo dificilmente distinguível de uma posição autoritária e

---

[47] Tomo de empréstimo esta imagem do pensamento hebraico, no qual o joelho (*berekh*) articula o alto e o baixo, a ação e os valores. O objetivo da oscilação do joelho é "articular individuo e comunidade em uma separação ligante" (E. Levinas).

neoconservadora que, em termos de *direito das pessoas*, pode tornar-se anticonstitucional. Não se pode, com efeito, criar a intersubjetividade através de constrangimento jurídico. O risco político de uma proteção não suscitada das pessoas[48] no domínio privado da sexualidade é uma violência aos direitos individuais da reprodução. Habermas nos convida, então, a repensar o nascimento como ato ontológico, ao citar Hannah Arendt que, todavia, descrevia o nascimento não como *ato bíblico*, mas como *ato político de libertação permanente*. Arendt compreendeu bem, o nascimento não é mais hoje a linha de partilha instaurada pela filosofia dualista entre Natureza e Cultura. A reconciliação entre *realismo epistemológico* e construtivismo moral não é muito convincente em *O futuro da natureza humana* justamente em razão disto. Há uma naturalização da moral no conceito de espécie humana dificilmente compatível com certo pragmatismo, mesmo se Habermas nos assegura de que na sua perspectiva "Kant torna-se compatível com Darwin".[49] Isto lhe permite opor Hans Jonas e Robert Spaemann a Max Horkheimer e Theodor W. Adorno, para alcançar uma ontologia jonasiana, cujos efeitos políticos pareceriam legítimos ontem, mas suspeitos hoje, porque eles se inscrevem no futuro do presente. Este discurso parece aposentado em relação aos engajamentos políticos passados de Habermas e revela os limites de uma ética processual para pensar o singular e o presente da ação.

[48] Particularmente, a proteção não solicitada pelas mulheres, no que nos concerne aqui.
[49] J. Habermas. *L'étique de la discussion et la question de la vérité*. Paris: Grasset, 2003, p. 68.

> Com as intervenções na genética humana, a dominação da natureza se volta então em um ato de tomada de poder sobre si mesma, que transforma a compreensão que temos de nós mesmos do ponto de vista de uma ética da espécie humana – e que poderia tocar as condições necessárias ao mesmo tempo para uma vida autônoma e para uma compreensão universalista da moral.[50]

Habermas parece juntar-se aqui às posições do último Jonas, ao rejeitar a tecnologia genética que faria da espécie um coletivo singular. Esta posição conduz a trair a herança da teoria crítica em nome da rejeição do eugenismo liberal, que é descrito como mais perigoso que o eugenismo de Estado que denunciava nos anos 1950. Esta confusão minimiza a noção de liberdade subjetiva em nome do *coletivo singular da espécie*. Como se este debate já não tivesse acontecido, como se a oposição entre naturalismo e espiritualismo do homem já não tivesse feito suas vítimas. Porém, desde Rousseau, a liberdade do homem se quer neutra; ela não está mais ligada à capacidade de se dobrar a uma lei inscrita na natureza, mas a sua perfectibilidade, a sua possibilidade de elaborar fora da natureza um mundo moral, o que conduziu Rousseau e Kant, desde a Revolução Francesa, a recusar identificar humanidade moral e espécie humana. Estaríamos no momento da confusão política dessas noções, até mesmo do amálgama, cujo fim seria justificar a intervenção do Estado para incriminar certas formas de pesquisa científica com referências retóricas aos totalitarismos de Estado do século passado?

---

[50] J. Habermas. *L'avenir de la nature humaine: vers um eugénisme liberal?* Paris: Gallimard, 2002.

Está claro que o fundamento de um juízo político não pode basear-se em critérios de racionalidade científica ou filosófica. Estamos longe do processo de desubjetivação do direito primeiro sobre o direito público. A articulação em tensão dos direitos privados e de um direito público federativo é o desafio de nosso século. Não é preciso lembrar que o Estado de direito não pode ser sinônimo de uma instância julgadora à qual seria preciso se submeter? Neste caso de representação, o Estado transcenderia as pessoas ao naturalizar a regra. Não é esta desencarnação das vontades pessoais que está em condições de reificar a lei *natural*, pretendendo novamente se impor como a máscara da heteronomia sobre o rosto singular da pessoa, nascida ou fabricada?

3
A libertação das mulheres e a tecnomaternidade

As técnicas de reprodução assistida foram percebidas como libertadoras pelas feministas construtivistas, mas como uma ameaça de reapropriação do poder de procriação pelos materialistas. Sempre foi um tema polêmico nos estudos de gênero, mesmo se esta questão é quase ausente do debate público, a maternidade é ainda percebida como a função social maior das mulheres. As condições sociais da AMP permanecem estritas. Elas dizem respeito, na maioria dos países da Europa, exclusivamente ao *casal casado ou à altura de fornecer a prova de uma vida comum de pelo menos dois anos*. Esse princípio é tão forte que o legislador encoraja a mulher cujo cônjuge faleceu antes da transferência do embrião a fazer doação deste, o que é um dos elementos que conduz a um desaparecimento social organizado dos direitos das mulheres sobre os embriões. Vemos que a regulamentação social da AMP reproduz os esquemas sociais tradicionais, aqui regulados pela política e pelo médico, e não pelas mulheres. É verdade, mas essa aproximação vai contracorrente de um discurso ambiente sobre a AMP, apresentado como uma libertação do casal em face *da vergonha ou do sofrimento da infertilidade*, o que sugere uma construção social da infertilidade como patologia, que desliga todo discurso crítico possível sobre a AMP (IAC, IAD, FIV, ICSI, FIVDO, FIVDE...). No momento em que a procriação está cada vez mais dessexualizada, é interessante notar que é em direção ao papel das mulheres na procriação que é deslocada a questão da diferença ou da igualdade dos gêneros.

O olhar das sociólogas feministas sobre a AMP

Parece-me que as avaliações tecnológicas das PMA negligenciaram a crítica feminista dessa técnica.[51] Os problemas epistemológicos e políticos ligados a essa questão foram ocultados e mascarados sob a vaga expressão da reprodução humana, como se a questão da igualdade dos gêneros já tivesse sido resolvida. Tentaremos mostrar que os riscos de poder entre os sexos são fundamentais em torno desta técnica, cujos protagonistas não são insidiosamente o homem e a mulher, mas o casal e o embrião, duas novas entidades jurídicas particularmente fora de foco.[52]

As questões postas pela literatura do gênero são: a AMP para quais mulheres? Por que a mulher é transformada em *sistema de abastecimento uterino* ao serviço do embrião e da

[51] Conferir, especialmente, Sara Franklin. "Postmodern procreation: a cultural account of assisted reprodution". In: Ginsburg e Rapp (Eds.). *Conceiving the new world order*. University of Califórnia Press, 1995.
[52] Conferir, a este propósito, as leis de bioética francesas de 1994.

pesquisa científica? Por que se reduziu a experiência subjetiva e fenomenológica da gravidez a uma técnica mais ou menos performática da *produção da vida* retirando da naftalina o vocabulário mais clássico do vitalismo? Como o laudo médico e político na procriação tornam-se uma extensão legitimada da decisão familiar e privada na criação como fabricação de qualidade? O debate é tanto mais complexo que ele recoloca em jogo as dicotomias entre vitalismo e materialismo, público e privado, direitos corporativos das mães e direitos das mulheres sobre seus corpos etc., que revelam enormes riscos de poder. As crenças públicas ligadas à AMP e às tecnologias reprodutivas em geral, são crenças de instrumentalização ou de *comodificação*, a incerteza ligada à sexuação, à produção ou à fabricação de crianças. O público teme e está fascinado ao mesmo tempo pela ideia fantasmática de gravidez masculina ou de máquina, de clonagem reprodutiva e de embriões-medicamentos, ao passo que os riscos sociais mais imediatos passam despercebidos. Em face desses problemas, a necessidade de repensar a noção bioética de *direitos reprodutivos das mulheres* emerge novamente, mais essencialmente dos movimentos feministas, demasiadamente minoritários para ter uma representatividade política, ou de mulheres isoladas em face das decepções e dos sofrimentos que provocam muito frequentemente essas técnicas, e isso, mesmo que elas se dirijam a um desejo biologicamente determinado, *e* socialmente construído, de se realizar como mulher através da maternidade. O problema surge no momento em que a construção social da maternidade faz a condição da existência feminina, quando esta atividade poderia ocupar apenas uma parte limitada da vida e do estatuto social das mulheres. Elas só se submeteriam a essa técnica em nome da crença na pertinência desse modelo predeterminado e da necessidade de reconhecimento que unicamente a maternidade poderia lhe outorgar? Desde então, a questão da procriação medicamente assistida é geralmente pensada em termos de eficácia técnica, ela deve responder ao que é considerado como um drama fundamental do humano: não poder perpetuar a vida. A capacidade de se *re-produzir* definia até pouco tempo o estatuto social da mulher nos países industrializados. Esse *direito natural* se dava por função primeira proteger a dignidade humana contra as experiências do desprezo que provocava (e ainda provoca) a infertilidade feminina. Receber uma dignidade implicava se inscrever na ordem natural da reprodução. Era o destino da maioria das mulheres até o domínio da procriação, desde os anos 1970. Os movimentos de libertação das mulheres contribuíram para inscrever essa dignidade em sua capacidade de autodeterminação e de apropriação de seus corpos fora do esquema patriarcal que lhe havia outorgado uma dignidade determinada pela madrasta Natureza. Essa evolução do conceito de dignidade das mulheres, em relação às técnicas reprodutivas e o progresso moral das mulheres, está ligada à luta das mulheres pelo reconhecimento de sua individualidade moral como independente de seu estatuto reprodutivo. Mas esse discurso de libertação foi seguido, desde a emergência das técnicas de PMA, de um discurso do risco, aquele da infertilidade, que agiu como uma limitação a esta liberdade da reprodução ou da não-reprodução, na sociedade que permanecia globalmente patriarcal. Como a reprodução devia ser *assistida*, a noção de liberdade e de direitos reprodutivos era enfraquecida, o que foi vivido por certas mulheres como preço a ser pago por sua libertação sexual. A esse *drama individual* de infertilidade, que não concernia senão 5% das mulheres, a biomedicina contemporânea respondia por uma sequência de técnicas de fecundação *in vitro*, cuja eficácia, duvidosa em princípio, tornou-se cada vez mais performática. Mas ela também participou para mudar radicalmente nossas percepções sociais da filiação, da pessoa, do conceito de nascimento, até mesmo da naturalidade da concepção, passando das representações da reprodução à própria fabricação, para falar na linguagem corrente da reprodução assistida. Vemos, a partir da emergência dessas novas questões, que o *infortúnio* dessa eficácia, do ponto de vista de nossas sociedades, largamente patriarcais, é a intrusão ou os transtornos das representações simbólicas em relação à natureza da reprodução. Esta se pensava em termos de passividade, de recepção, de dom, e contribuía para fazer da gravidez a função essencial do feminino. É ainda a reivindicação de certas feministas neoessencialistas, apoiando sua argumentação na diferenciação sexual que apagaria essas técnicas, privando as mulheres da responsabilidade dos embriões, até mesmo das crianças.[53] Iremos nos interrogar sobre a pertinência de valorizar, em um quadro de referência naturalista, a *re-produção* mais do que a fabricação de nossos descendentes. Essa questão tem muitas entradas e privilegiarei a aproximação pelo gênero, simplesmente porque ela me parece ao mesmo tempo a mais negligenciada e a mais pertinente de um ponto de vista biológico.

---

[53] Phyllis Chessler, cujo livro se intitula eloquentemente *Sacred bound*, opõe uma mãe portadora a seus pais adotivos. Ele retoma a velha crença de que a filiação materna seria mais biológica do que a filiação parental.

> O que está em crise é a ordem simbólica, a conceitualização da relação natureza-cultura. A natureza como fundamento do sentido não pode ser tomada como uma noção evidente, mas como qualquer coisa que deve ser protegida... ou ultrapassada.[54]

Olhar(es) sobre o(s) feminino(s) na procriação medicamente assistida

Mesmo se não pudermos falar de feminismo homogêneo e que re-encontremos a divisão essencialista (maternalista) ou materialista nos trabalhos do gênero, encontra-se uma mesma vontade de questionar a naturalidade do patriarcado e de revelar sua dimensão cultural. Assim, no momento em que lançamos um olhar no feminino em relação às procriações medicamente assistidas, não podemos deixar de notar a relação sublinhada em dicionários etimológicos ingleses entre *kin*, *king*, e *kinship* (sexo masculino, rei e maternidade). Conforme meu ponto de vista, elas revelam a coloração histórica relativa à arqueologia patriarcal das representações da paternidade, até a aproximação biogenética contemporânea. Essa ideia foi magistralmente defendida por Evelyn Fox Keller,[55] que mostrou que o discurso da ação gênica coincidia com a redefinição do termo "hereditário" (*kinship*). Isto mostra, entre outras coisas, segundo a autora, que a técnica

---

[54] Marilyne Strathern. *After nature*. Cambridge: Cambridge University Press, 1992.

[55] Evelyn Fox Keller. *Le role des métaphores dans le progrès de la biologie*. Paris: Les empêcheurs de penser em Rond – Synthélabo, 1999.

científica de reprodução é ao mesmo tempo fonte e produto de um discurso que lhe é anterior. Minha questão repousa sobre o fato de saber se a aproximação biogenética confirma as interpretações clássicas da hereditariedade, como a ideologia patriarcal que lhe é associada, ou se ela permite um deslocamento dessa ideologia e em que condição. Essa questão foi analisada em uma perspectiva mais radical pela *antikinship school* em antropologia simbólica. Este trabalho merece toda nossa atenção. Ele implica, com efeito, uma redefinição da representação social da reprodução, pelo menos em sociedades hipertecnicizadas.

Duas escolas se opõem globalmente a propósito da representação simbólica da paternidade, explicitações particulares do debate determinismo-liberdade postas, como o veremos, em termos de uma lógica dual redutora nos dois campos. As construções da maternidade não são menos construções do que as da paternidade. A postulação da paternidade (*kinship*) é uma necessidade funcional da ordem das relações humanas. A questão pertinente é então a de saber em que a procriação medicamente assistida modifica essa necessidade funcional. Para certas feministas, as noções do gênero e de paternidade não podem ser separadas porque elas são mutuamente constituídas. A paternidade, porém, desde o investimento das técnicas, é cada vez menos pensada em termos de bisexualidade.

A reificação técnica da ligação de filiação

Se a ligação arqueológica das representações de sexo e de poder (*kin, kinship*) é mais evidente na língua de Shakespeare, as feministas não pararam de colocá-la em relevo em nossas representações e em seus efeitos sociopolíticos. A hereditariedade verbal parece confirmar a legitimidade de um rei pai e criador de suas crianças, revelada pelo antigo verbo *kinging*, significando ao mesmo tempo *fazer* e *ser feito* (por natureza). Aliás, é interessante notar que a noção de *kinship* ou paternidade não data senão de 1886, como se ela devesse substituir a desaparição da hereditariedade vertical pelo rei pai de seus temas, que traz a modernidade. O trabalho no gênero e no o parentesco nos trazem uma visão histórico-crítica sobre a naturalização da dominação patriarcal. O argumento de parentesco biogenético não escapa dos pressupostos culturais em torno da noção de *laço de sangue*.

Os notáveis desenvolvimentos das tecnologias de reprodução medicamente assistida são percebidos como uma imposição contra a natureza em relação à reprodução natural por certos essencialistas, aliás, homens ou mulheres, e é o aspecto que é talvez o mais desconcertante, porque o argumento é o mesmo, ao passo que os interesses são divergentes entre os sexos. Parece que nenhuma técnica possa ser compreendida sem estar ancorada na intencionalidade de seus autores e das relações de força que ela implica. A retórica se constrói em torno da ideia de uma intencionalidade humana, e então universal, que mascara habilmente os riscos de poder subjacentes a essas técnicas. Tratar-se-á, para nós, não de desacreditar essa capacidade do humano de criar graça, a seu saber, mas de interrogar os riscos para os indivíduos, mais do que para uma mítica *condição humana*, deste poder-saber de autofabricação. Quando essas tecnologias progridem mais rapidamente do que são verdadeiramente compreendidas pelo grande público, elas estendem a função de parentesco ao campo biossocial cada vez mais amplo. A expansão crescente dessas técnicas é a prova, enquanto a taxa de infertilidade permanece relativamente estável. Em um nível mais global e reflexivo, Sara Franklin,[56] por exemplo, defende que a colaboração científica internacional e a genética tornaram-se o lugar crucial da reprodução cultural das novas metáforas de nossas representações sociais. A aproximação de gênero não diz respeito somente ao interesse das mulheres, mas "a necessidade global para o humano, na sua dimensão dual, de estabelecer regulamentações do poder biotecnológico que determina de modo insidioso nossas escolhas ditas livres". Devemos admitir que essas técnicas determinam nossas escolhas e recolocam em jogo, de modo insidioso ao naturalizar a técnica, a relação de força entre homem e mulher em torno da reprodução no momento em que esta torna-se assexuada. A noção de casal substitui a noção de mãe, já que a mãe é portadora, mas não procriadora, como mostra Irma Van der Ploeg em *A individualidade feminina à prova das tecnologias de reprodução*.[57]

Da lenda de Golem e a fabricação do humano

Essa lenda de um homem ou mulher robô, artificialmente fabricado ou fabricada, é uma constante da literatura judaica tradicional. O Golem se opõe a Adão, o homem-Na-

[56] Sara Franklin. "Postmodern procreation: a cultural account of assisted reprodution". In: Ginsburg e Rapp (Eds.). *Conceiving the new world order*. University of Califórnia Press, 1995.
[57] Irma Van der Ploeg. *Prosthetic bodies. Female embodiment in Reproductive Technologies*. Tese: Maastricht University, 1998.

tureza. Ele quer dizer ao mesmo tempo corpo inanimado e cadáver, matéria primeira, porém, antropoide. É interessante que ele apareça também na literatura feminista engajada. Especialmente no romance de Marge Piercy, *He, She, It.*[58] Este ser artificial coloca a questão da natureza do humano que coloca novamente o estatuto do antropoide. Ela lembra que o homem é ao mesmo tempo criado e criador, determinado e livre. A criação de um Golem é então mais um meio de ascensão da alma que uma performance técnica da realização de uma cópia conforme a imagem de homem, ou a criação concreta de um robô antropoide. Este lembrete histórico permite relativizar o debate, polarizado em termos de tecnofobia ou tecnofilia. O impacto simbólico dessa técnica foi o de repensar a função, dita natural, do cérebro feminino humano de estar na ética da solicitude. Essa nova técnica mudou a medicina enquanto fabricadora assexuada de criança. Com efeito, se a reprodução pertencesse *tradicionalmente* à esfera do feminino, ou pelo menos das mulheres, as feministas permaneceriam atentas ao campo de reprodução tecnológica, porque elas perceberam durante muito tempo a reprodução e seu controle, seja como um lugar de alienação e de subordinação à cultura patriarcal, seja como um modo de escapar de seu destino biológico. A sociedade patriarcal fez da maternidade uma instituição patriarcal em si, como se fosse o desejo patriarcal de controlar o processo reprodutivo por sua medicalização. Acrescentem-se a essas questões estudos ligados à emergência das novas técnicas reprodutivas

---

[58] Marge Piercy. *He, She, It.* New York, Fawcett Books, 1993.

dos anos 1980, aceleradas nos anos 1990 com a engenharia genética. Certas feministas exprimiram sua ansiedade a propósito desse novo campo pioneiro, adiando sempre para depois os limites do possível da reprodução animal e humana acompanhada, segundo elas, de um grande grau de confusão quanto ao fim dessas técnicas. E não seria preciso minimizar certas conquistas, como a resistência das feministas indianas que lutaram contra amniocentese com a intenção de evitar a escolha do sexo, levando ao aborto seletivo, para não dizer eugenista, das meninas.

A divergência das mulheres

A constante maior é que não houve consenso entre as mulheres sobre a legitimidade da utilização dessas novas técnicas. O *Global network for reproductive rights*, que se reforçou depois da conferência internacional do Cairo, monopolizou a oposição das mulheres que queriam se beneficiar dessas técnicas, independentemente do contexto cultural em que elas tinham sido propostas, nos fundamentalismos recrudescentes dos países do Sul ou no individualismo ético dos países industrializados, todos dois pouco propícios às lutas de libertação solidárias. Se, para as mulheres engajadas na PMA, o discurso e as metáforas da biologia foram há muito tempo reconhecidas, as noções de direito e de escolha das mulheres tornaram-se cada vez mais vagas, já que aquelas que lançaram reivindicações de um ponto de vista teórico colocavam em dúvida a equação de alargamento das escolhas tecnológicas com o alargamento das liberdades.

Política reprodutiva e desejos das mulheres

A passagem da política reprodutiva mudou muito desde os anos 1990 e enfraqueceu o discurso feminista, focalizado no direito ao aborto amplamente realizado, porque o risco para as mulheres era escapar da esterilidade, controlando os nascimentos.[59] O discurso das mulheres teve que se reposicionar em relação à fecundação *in vitro*. As crenças em torno da concepção, da noção de pessoa e do estatuto do embrião foram profundamente modificadas, até mesmo manipuladas, pelas técnicas de representação de imagens fetais cada vez mais precisas, tornando o corpo da mulher transparente. Não podemos aqui senão nos lembrar da associação estabelecida por Michel Foucault entre ver e poder na pulsão escópica, inerente ao olhar científico, aos quais as mulheres são oferecidas sem grande resistência, seguindo à (falsa) promessa de uma gravidez livre de toda incerteza.

Uma criança é tradicionalmente percebida como o *produto natural* do ato reprodutivo de seus pais. O discurso genético da igualdade da transmissão do patrimônio genético contribuiu para fazer da criança o produto do casal. A filiação é construída em torno de um contrato e em torno de uma hereditariedade de sangue, que constituem (de modo bastante problemático, como o veremos) o *patrimônio genético da criança*. A procriação medicamente assistida tem *simbolica-*

[59] Ver sobre esta questão o belíssimo número da revista *Cahiers de GENRE*, n. 25, intitulado "Da contracepção ao parto. A oferta tecnológica em questão". Paris: L'Harmattan, 1999.

mente mudado de aspecto; a tecnologia produziu, por assim dizer, novos *fatos naturais*. Todavia, o discurso genético contemporâneo não nos convida, paradoxalmente, a ultrapassar as ilusões fixistas e a ideia de uma construção ontogenética do organismo segundo leis naturais? Os embriões descentrados do corpo materno tornaram-se entidades públicas. Se o embrião clássico preenche todos os critérios reais ou fantasmáticos da filiação – a proximidade, a identidade, a relação de sangue... –, seria imediatamente considerado como humano, em uma perspectiva vitalista e continuista. O embrião fabricado deve também se fabricar uma filiação e uma proximidade alternativa. Atribui-se a ele um grau de proteção pública que não é inócuo, já que a protetora não é mais, novamente, a mãe. Tudo se passa de modo bastante similar à problemática da propriedade intelectual dos genes modificados: um embrião descentrado do ventre de sua mãe e que teria sofrido uma alteração assistida qualquer não é mais natural, mas torna-se um artefato científico-político!

Se a expansão da política reprodutiva à biopolítica torna a tarefa de uma aproximação feminista crítica difícil, ela não é menos essencial ao equilíbrio dos discursos em termos de justiça e de regulamento de conflitos de interesses mais ou menos disfarçados. A tradicional oposição privado-público que, em termos de direitos subjetivos, deu uma prioridade à percepção subjetiva da liberdade, se inverte de novo de modo insidioso ao deslocar a mulher como atriz da procriação, e fazendo do feto, até mesmo do embrião, o novo sujeito de cuidados, o novo paciente maleável (porque sem fala). A procriação medicamente assistida, recuperando o poder de dar a vida fora do campo do corpo das mulheres *tão pouco performática* e sujeita aos caprichos da natureza, lembra às mulheres sua passividade em face desses processos biológicos que as determinam, mas sobre o qual elas são incapazes de agir. Há, como disse Sara Franklin ou Donna Haraway,[60] uma construção social da infertilidade. Estamos em face de uma ideologia da reprodução e uma *recriação* da função materna a partir dessas tecnologias. O discurso de certo feminismo radical lutou em princípio contra a condenação ontológica de um determinismo da reprodução natural para negar o peso do determinismo biológico, que tinha tendência para essencializar, paradoxalmente, o futuro das mulheres. As feministas denunciam hoje a transformação do reino privado da procriação em reino público institucionalizado em proveito do embrião, que se tornou produto extraútero de função múltipla, seja criança perfeita, seja medicamente, seja mercadoria, sem que as mulheres, em nome de sua reivindicação para ser mais do que mães, tenham podido transformar sua luta em termos de poder político de decisão. Ao contrário, elas perderam o controle da procriação ao aceitar que o embrião esteja em suspenso entre as caixas de Pétri (novo lugar de seleção social) e seus úteros. A individualidade da mulher, se ela não se limita à maternidade, deixou o terreno da decisão procriativa para o campo médico e politicamente correto da AMP.

[60] Donna Haraway. "The cyborg manifesto: scince, technology, and socialist-feminism in the late twentieth century". In: *Simians, cyborgs and women: the reinvention of nature.* New York: Routledge, 1991.

4
Sara, primeira fecundação artificial?

Sempre parece ao grande público que os avanços biotecnológicos são responsáveis pela destruição de nossas representações de filiação, de parentesco e de reprodução. Pareceu-me divertido brincar com o anacronismo e lembrar que Sara foi a primeira mulher a ter se beneficiado de uma reprodução assistida, por um técnico divino, um tecnopai é verdade, mas ainda assim! Essa viagem temporal me ajudará a sublinhar o laço entre tecnofobia e essencialismo que ultrapassa a sincronia dos progressos médicos.

O pacto de fecundidade de Sara com Deus inscreveu o nascimento em uma forma de patriarcado que frequenta nossas grandes narrativas ocidentais, articulando a idolatria do criador e a fecundidade na hierarquia do masculino e do feminino. Em face dessas questões ideologicamente carregadas, esse recuo histórico permite desdramatizar a diabolização da técnica ao tentar sublinhar os verdadeiros riscos da questão multidimensional que se tornou a reprodução assistida. Para isto, apoiar-me-ei em duas tradições: a grega, analisada por Luce Irigaray em *Spéculum*, e a bíblica hebraica. Irigaray trata da questão fundamental do sexo na filosofia: "como conjurar a cegueira no original? Como sair da especulogamia que cega?". Ela persegue a mesma metáfora da alegoria da caverna até o fantasma do ovo transparente e manipulável. Como, nesta repetição, se deslocou a questão das mulheres e seu desenfeitiçamento do movimento de ascendência e de descendência, do qual as regras de perfeição da alegoria da caverna revelam, em uma denegação da finitude do corpo, a reprodução atemporal da ideia? Articularei essa noção com o olhar que lançarei em Sara, matriarca, primeira mulher a ter se beneficiado da assistência na reprodução na história bíblica. Trata-se de bruxaria, de milagre ou de metáfora idólatra? Noto, aqui, o laço que o pensamento hebraico estabeleceu entre idolatria e bruxaria, distinguindo, como o faz Emmanuel Levinas em um texto célebre intitulado "Dessacralização e desenfeitiçamento", dois termos que são frequentemente confundidos:

> A bruxaria, cozinha germânica do sagrado, parente um pouco decaída; a bruxaria é a senhora da aparência, a sociedade verdadeiramente dessacralizada seria, então, uma sociedade em que se deteria o manejo impuro da bruxaria que antes faz viver do que apenas aliena o sacro, a verdadeira dessacralização tentaria separar positivamente o verdadeiro da aparência, talvez até mesmo separar o verdadeiro da aparência essencialmente misturada ao verdadeiro.[61]

Sobretudo, em uma perspectiva que não lhe é habitual, Levinas assinala a visão participativa na criação da tradição hebraica, permitindo-lhe estar de acordo com os avanços científicos:

---

[61] E. Levinas. *Du sacré au saint*. Paris: Minuit, 1977, p. 90.

> Se conheceis os mistérios da criação, podeis, como o Mahakhal de Praga, fabricar um objeto com aparência sobrenatural. É autorizado.[62]

O que é, então, a bruxaria? É o fato de olhar para além do que é possível ver, sair dos limites e não se deter no tempo? A bruxaria é *hybris*, desmesura do próprio saber. O sentido da bruxaria nos textos talmúdicos é dizer não ao mais Alto. Desobediência ou resistência em face da incerteza? Esse debate nos parece fazer eco ao debate contemporâneo ao opor cientificismo e ciência. A dignidade do humano e do inumano estaria ligada ao respeito do sagrado da vida, colocado em perigo pela bruxaria que emanaria da desmesura do saber e reduziria, por exemplo, o embrião a um *vulgar amontoado de células*! Mas onde estão os idólatras?

Idolatria dos possíveis

Recusar a idolatria do embrião é poder dizer aos tecnoidólatras e aos tecnofóbicos: aqui não há bruxaria. O sagrado não degenerou em face dos prestígios da técnica. Toda técnica não visa produzir o mesmo para escapar da alteração sem retorno que é a morte? O que se torna, nesse cenário que não tem nada de contemporâneo, o poder de procriar? Seria a bruxaria suprema para as mulheres que adquiriram os direitos reprodutivos sobre seus corpos e foram percebidas como bruxas todo-poderosas, ao passo que as tecnologias da reprodução assistida

[62] Ibid., p. 82.

são percebidas como o saber mais alto? Como não se contar novamente as mesmas histórias de bruxaria idólatra, da magia de Sara grávida graças a Deus, ou das mulheres grávidas graças à técnica? Como retraçar o fio narrativo através das *mutações genéticas da idolatria* na história? Não há, na angústia da mudança, na incerteza que caracteriza nosso século nascente, uma idolatria irracional da sacralidade da vida que, de um ponto de vista antropológico, é incompatível com a genética do desenvolvimento para o qual a diferença entre vida e morte, através do fenômeno da apoptose,[63] não faz mais sentido? Uma vez que a plasticidade biológica do corpo humano é indissociável de sua história, em qual forma de mal entendido o discurso fixo da antropologia nos coloca em face dos avanços biotecnológicos? Por que esse mal entendido o torna ineficaz para regular, até mesmo domesticar as aplicações sociais da ciência? Por que o argumento do declive deslizante é tão recorrente já que fracassa no convencimento?

Não acredito, como Hans Jonas,[64] na função heurística do medo, ele acarreta um pensamento redutor do declive deslizante que se focaliza no pior e não permite imaginar uma

---

[63] *Apoptose*: morte celular programada. Ela é hoje um dos fenômenos mais fascinantes da biologia molecular. Ela está implicada desde o desenvolvimento embrionário e aparece como um princípio ativo. Ela começa pelo desencadeamento de um programa específico e se distingue assim da necrose. Seu princípio ativo torna porosa a fronteira entre vida e morte. É o que nos interessa aqui no questionamento em torno da sacralidade da vida. Sobre isso, ver o livro muito esclarecedor de Jean-Jacques Kupiec e Pierre Sonigo. *Ni dieu ni gène. Pour une autre théorie de l'hérédité*. Paris, Le Seuil, 2000.

[64] Hans Jonas. *Le principe de responsabilité*. Paris: Flammarion, 1998.

pluralidade de possíveis. É outra a razão de minha referência ao Riso de Sara e à função do riso, do humor e da alegria, como antídoto aos pensamentos idólatras. É interessante notar, também, o lugar liberador que toma o riso na ética de Espinosa, e isto, para desconcertar os pensamentos idólatras. Todavia, sabemos que a idolatria se metamorfoseia através da história. Porque, dele se ela está na investigação da figura do mesmo, ela consiste em conjurar sua inelutável mutação.

O sentido do riso de Sara

O desejo de escapar das coações naturais que associam o nascimento à morte está na fonte do sonho de imortalidade e do *entre si*. Ele implica a rejeição do feminino do qual o homem tem necessidade para procriar. Talvez não seja a rejeição do feminino, mas a lembrança de que, para seguir a si mesmo no outro, é preciso procriar *com* o outro. O sonho de imortalidade permanece quimérico: mesmo se o um pode engendrar o dois, meu clone não pode ser eu. Re-encontramos, nas técnicas de reprodução assistida, o fantasma do imaginário patrimonial que consiste, como o diz Françoise Héritier, na "relação sexual não necessária, o ultrapassamento das coações temporais graças ao congelamento, a possibilidade de ter várias mães e não uma só, ou mesmo, para aquilo que é próprio aos homens, de poder procriar depois de sua morte".[65]

---

[65] Françoise Héritier. *Masculin-féminin 2*. Paris: Obile Jacob, 1996, p. 215 e seguintes.

O desvio anacrônico por Sara, a primeira matriarca, nos permite estabelecer paradigmas e desdramatizar o debate atual sobre as procriações medicamente assistidas (PMA) e a clonagem de células pluripotentes. Ele conduziu seus detratores à idolatria para com a vulnerabilidade do embrião, como se sua manipulação ameaçasse toda a humanidade. Situarei o desvio dessa negação da alteridade do feminino, essencialmente em sua dimensão fantasmática da denegação do dever de *pro-criação*, por uma tentativa de fabricação do humano que daria a ilusão de uma autonomia, em face da referência ao outro a quem devo meu nascimento. A história de Sara coloca em cena a idolatria da fecundidade como estando fundada na narrativa imaginária segundo a qual a filiação não se faria senão pelo pai ou, pelo menos, hierarquiza reprodução e filiação, colocando a reprodução a serviço da filiação. A mulher, aqui, Sara, não seria senão um acessório (*kli*, em hebraico) que assiste ao projeto de criação da humanidade sem ser jamais a origem nem o fundamento, mas a serva.[66]

O riso (*tzok* quer dizer "riso" e "zombaria", em hebraico) de Sara não é em si um distanciamento irônico em face dessa idolatria da filiação unissexuada, da qual analisaremos as diferentes faces? Não inventamos a confusão dos gêneros. Ela se acrescenta à confusão organizada entre estatuto biológico e estatuto social. Tudo se passa como se a lei natural tivesse sido substituída por sua versão mais científica, o determinismo genético. Ora, o darwinismo e a perspectiva determinista do vivente foram colocados em questão pela própria biologia molecular. Poder-se-ia perguntar se a genética não reproduz

[66] *Sara* significa "serva de Deus" em hebraico.

o idealismo platônico. Nos dois casos, o mundo é redobrado por outro mundo que é a explicação ou a causa. No momento em que os modelos biológicos participam do acaso-seleção, a incerteza permite resistir precisamente a toda idolatria. A idolatria, cuja referência é o Um, escapa, com efeito, do pensamento complexo e aleatório. Seu movimento revela a fusão no Um, como se o idólatra tivesse por *conatus* separar-se do dever de ser a si mesmo, mas, paradoxalmente, o desejo de querer perpetuar-se como si mesmo em outro, sem o outro. É precisamente a definição da filiação, na qual a alteridade do feminino só é utilizada como vaso corporal para ir mais longe que a si mesma em direção a si mesma. A idolatria é "produção que reflete uma servidão imanente aos poderes que a humanidade atribui a si mesma".[67]

Sara, mãe da filiação patriarcal

Sara é a primeira matriarca – irmã de seu esposo e mãe de seus filhos – que coloca em crise a idolatria da filiação *pai-filho*. Ela é considerada como a primeira mãe da saída da idolatria que permitirá a Jacó, *aquele que andava torto* e é ainda idólatra, caminhar reto tornando-se *Israel*, o monoteísta não idólatra, aquele que não se fia à representação. O que muda, entretanto, na narrativa hebraica, em relação à narrativa platônica, é que ela inscreve o messianismo da eternidade no futuro que antecede a história. Tudo se passa

[67] Luce Irigaray. *Spéculum de l'autre femme*. Paris: Minuit, "Critique", 1974, p. 82.

como se passássemos da anterioridade das matriarcas ao projeto de filiação pelo pai, tornado possível por um pacto entre Sara e Deus. Durante muito tempo ensinou-se nas tradições hebraicas e gregas, fundando todas duas os esquemas do pensamento da civilização ocidental, que a finalidade natural da mulher fosse ser um *kli*,[68] um receptáculo, um instrumento de fabricação das gerações de pai em filhos. A história de Golem é interessante para nosso propósito naquilo que ela hesita em considerar a criação da vida pelo homem do lado da magia e da prática idólatra, ou mesmo da técnica que é ilícita.

Desde *Spéculum*, Luce Irigaray oferece uma leitura de gênero da alegoria da caverna de Platão que desenha a cena filosófica. Platão repetirá, em uma filiação sem falha até Hegel:

> A mulher não toma um lugar agente no futuro da história, porque ela não é senão a opacidade ainda indiferenciada da matéria sensível, reserva de substância para a substituição do si, ou o ser como o que é-era aqui e agora. Redobro de um presente da enunciação em que ele não é mais porque já passado no universal.

O objetivo da alegoria da caverna de Platão é precisamente sair da caverna-útero para se constituir uma origem ideal, "matriz recuada ao infinito da ideia".[69] É precisamente na mu-

---

[68] Kli (instrumento, que contém), em hebraico, poderia também ser entendido como *k-li* que traduziríamos por "como para mim" e assinalaria a heterogeneidade ou a submissão à lei divina como a condição da liberdade. Explorei estes temas em minha tese de doutorado intitulada *Heteronomy as condition of freedom in Sartre and Levinas ethics*. Marquette University (Estados Unidos), 1992.

[69] Ibid.

lher que está o elemento material e no homem a subjetividade. Trata-se, nos diz Irigaray, de separar a contiguidade genealógica. A formação filosófica consiste em cortar a criança de toda relação empírica com o matricial:

> Desenraiza-se então o 'prisioneiro' desta concepção, deste nascimento, por demais 'natural', para re-enviá-lo a uma origem mais afastada, mais elevada, a um arquétipo em relação ao qual ele deverá se re-conhecer [re-co-naître].[70]

O nascer seria enaltecido pelo conhecer [co-naître]. O impacto da alegoria da caverna na hierarquia masculino-feminino no Ocidente. Luce Irigaray nos ofereceu uma releitura do idealismo platônico em sua obra prima que é *Spéculum*:

> É do mito da caverna que podemos, por exemplo, ou exemplarmente, partir novamente. Para lê-lo, desta vez, como metáfora [...] da matriz ou, às vezes, da terra. Tentativa de metaforização, processo de desvio. [...] Sócrates conta que homens, de sexo não especificado, permanecem sob a terra em uma residência em forma de caverna. [...] Este antro possui a guisa de entrada uma longa passagem, corredor, desfiladeiro, conduzindo, levando em direção ao alto, em direção da luz do dia. [...] Este artifício teatral é exigido por/pela vossa entrada no funcionamento da representação.[71]

---

[70] Luce Irigaray. *Spéculum de l'autre femme*. Paris: Minuit, "Critique", 1974, p. 365 e seguintes.
[71] Ibid., p. 301.

Mas também, poderíamos realçar o sensível, o mal que se desenha segundo um paradigma binário e vai condicionar a hierarquia entre os sexos e as relações de parentesco. Parecemos condenados a reprodução como repetição do mesmo. Esse espetáculo é encadeado pela reminiscência à qual o pensamento deve ser fiel. Ela não pode alterá-la. Compreende-se então a força do quadro que ousa mostrar a *Origem do mundo* atrás dos bastidores e fazer uma imagem imanente da qual a transcendência é imediatamente visível. A caverna de Platão é um espéculo, ou seja, um *antro de reflexão*. Trata-se de já ser fiel à *re-produção* especular do mesmo e excluir toda forma de alteração, de alteridade. Esta ideia obseda a história da filosofia até os filósofos nesse suspeita. As feministas depois revelarão os bastidores destas maquinações filosóficas e restituirão à Diotima o lugar usurpado por Sócrates. Graças ainda a mágicos fabricadores de imagens. O matricial foi rejeitado do lado do informe e do *amorfo*, transmutado por analogia em cena de teatro em que avançam *pessoas* mascaradas, rostos. Vemos que o discurso filosófico que separa feminino e masculino, o imanente e o transcendente, está do lado do discurso idólatra que pretende ter o código original permitindo diferenciar a origem da cópia, o verdadeiro do falso.

Qual é, através desses simulacros, o risco dessa colocação em cena, se não é o poder sobre a *pro-criação*? Para ir mais rápido, diríamos que os Gregos parecem resolver a questão tratando com desprezo o corpo e pretendendo que a hierarquia se imponha entre parto dos corpos e parto das almas: a maiêutica socrática é a confiança da imortalidade, ao passo que o nascimento pelo corpo não nos revela senão a violência da mortalidade. Deixarei em aberto essa questão. Tentarei responder a partir da margem hebraica do pensamento, designando uma tensão ainda viva entre duas cenas da representação do mundo que não pararam de obsedar o Ocidente.

Esse mito da caverna tem seu equivalente fantasmático no pensamento hebraico? Esta é minha hipótese: o pacto de Sara e Deus, negociado por Abraão, que se conclui com o sacrifício de Isaque e conduz à morte de Sara, é colocação em cena do lado hebraico da filiação patriarcal e da instrumentalização (consentida?) do feminino. Aí se desempenha o *kli* (ferramenta-receptáculo) e o *k-li* (como para mim) sacrifical. Compreende-se que possamos dizer, sem forçar muito, a ideia que Sara foi a primeira mulher da história a se beneficiar da reprodução assistida. Qual é o sentido dessa *des-naturalização*? O acesso à santidade, a saída do pensamento mágico da idolatria? "Sara concebeu e gerou um filho a Abraão ainda que idoso, na época precisa em que Deus lhe prometeu",[72] anulando as leis naturais. No pensamento judaico, a idolatria é frequentemente aproximada da bruxaria. Minha visão é diferente, enquanto feminista, porque as bruxas eram precisamente aquelas que, por seu poder, dessacralizavam a ordem hierárquica do patriarcado, sob a influência da imagem de Lilith. O que se passa com a matriarca Sara? O pensamento hebraico é muito mais pragmático e materialista do que o idealismo platônico, mas o que é que isso muda para Sara, ou para a dignidade das mulheres em geral? Que papéis de mediação lhe fazem desempenhar? O de sacrificada entre o estrangeiro e o autóctone? Esse é o preço da reconciliação entre o mesmo e o outro, o autóctone e o estrangeiro? Aprendemos também que a linguagem da mediação é aquela da beleza e revela a *re-presen-*

[72] *Gênesis* 21,2.

tação. Ao dar-lhe novamente seu destino, Abraão obriga Sara a comprimir-se sem identidade, ao apostar em sua santidade, seu natural cuidado do próximo. Famosa solicitude matricial e natural das mulheres. "Por ti serão felizes todos os povos da terra".[73] Essa alegria do corpo faz contraste, é verdade, com a triste alienação dos escravos da caverna de Platão, que é fecundidade e não a ideia que lhe teria sido fabricado o ovário que lhe falta,[74] não a intervenção técnica ou miraculosa da fecundidade, mas a capacidade da perfeição de uma alegria partilhada. É verdade, mas trata-se de outro idealismo do que o platônico. Todavia, ele fechou Sara no sacrifício de si para tornar-se mãe de seu povo, sob a condição de morrer a tempo para evitar o sacrifício de Isaque.

> Quem disse a Abraão que Sara teria filhos? Pois bem, dei-lhe um filho em sua velhice.[75]

Este último trecho altera a perfeição do gesto. Porque é preciso também limites para a ética da solicitude que se inscreve na capacidade de ser quanto-a-si para ceder lugar a outro.

> A promessa de criança, marcada pelo duplo riso dos pais, se conforta por este desejo de paz, a paz entre o mesmo e o outro devendo velar sobre a libertação dos dois sexos que consiste, pela fecundidade, na abertura a um tempo, para o além da morte com a chegada do filho, a possibilidade de um destino diferente do seu próprio.[76]

---

[73] *Gênesis* 12.

[74] *Gênesis Raba*, capítulo 47.

[75] Ibid.

[76] Catherine Chalier. *Les matriarches Sarah, Rebecca, Rachel et Léa*. Paris: Le Cerf, 1985, p. 48.

Mas para além desse belo projeto de um casal ainda idólatra, o que nos diz o riso de Sara? O risco da narrativa do Gênesis está na constituição de um povo a partir de um pai, Abraão, cujos filhos, e não as filhas, serão marcados pela aliança da circuncisão entre Deus, e o pai (que se tornará no cristianismo Deus, o Pai), ao passo que a aliança com a mãe é aquela da fraternidade. A referência incestuosa é dissolvida na relação com este outro feminino encadeado na mesma origem transcendente. Os comentadores dizem, aliás, que Sara, antes de ser mãe de Isaque, era uma estrela. Se sabemos que Abraão era filho de Terah, ele mesmo descendente de Set, não sabemos nada sobre os ascendentes de Sarai. Ela é encadeada unicamente a Abraão, do qual ela é ao mesmo tempo irmã e esposa. E a confusão foi criada pelo Faraó e por Abimelec, rei de Gerar. Com isso, Abraão assinalava aos outros povos a ruptura da troca exogâmica, primeiro momento na constituição de um grupo de mulheres judaicas necessárias ao respeito da lei. Como escreve Martine Leibovici: "Os judeus devem esposar judias, a aliança entre povos não poderá mais se fazer por troca de mulheres. Sarai seria então filha de Terá, afilhada do bom ramo, o de Set. Mas Nós não sabemos nada da mãe de Sara...".[77] Ela é a primeira mãe nomeada depois de Eva. Assim, a primeira mulher judia o é por parte de pai. Ela é sobrinha de Abraão porque ela é a filha de seu irmão Arão. O incesto pai-filha é assim contornado. Mas a narrativa é, todavia, fundadora no mito do nascimento do povo, mito que está na origem do messias, ele mesmo filho de Davi. Na esfera hebraica,

[77] Martine Leibovici. *Le féminin dans la gènese*. Tese de doutorado. Julia Kristeva (dir.). Université de Paris VII, 1983.

e para seu marido, a mulher perpetua o laço de seu próprio pai. Nesses esponsais, as mães são aquelas que permanecem em recuo: nem a de Abraão, nem a de Sara são nomeadas. Nas descendências só são nomeadas as mulheres que são mães de filhos. Luce Irigaray nota em *Spéculum*, a propósito da relação da mulher com sua origem: "se a mulher quer agradar ao homem, ela deve se identificar com sua mãe. A do homem, evidentemente. [...] A mulher pode assim retornar à origem, sob a condição de que não seja a sua".[78] Sua procriação é uma procriação assistida, uma passividade mais passiva do que a passividade, a acolhida de um dom. Deus é a verdadeira causa do nascimento de Isaque, que Sara teve a honra de trazer em si. Deus enviou uma criança a Abraão por intermédio da assistência que ele deu a Sara, não verdadeiramente mulher, mas irmã de Abraão.

A infertilidade como indisponibilidade ao dom

Abraão nomeou o filho que veio lhe nascer. A única filiação entre a mãe e o filho é o riso de sua mãe que lhe dá nome e lembra sua surpresa de só poder sair da naturalidade de sua condição para deixar o lugar a Sara. Ela fará do feminino o princípio heterônomo da criação, condição de possibilidade de inscrição da filiação criadora de todo casal. Sara riu por ocasião deste anuncio da filiação inverossímil e se distanciou do ato de *pro-criação* natural para ceder o lugar a este outro

[78] Luce Irigaray. *Spéculum de l'autre femme*. Paris: Minuit, "Critique", 1974, p. 135.

que era Isaque, fecundado pela perfeição do próprio riso, forma de libertação de sua existência mortal através da filiação. Mas vimos que esse nascimento tardio foi contra a natureza: mulheres lhe trouxeram cada uma sua criança e Sara pôde lhes amamentar. Um comentador relata assim as palavras de Abraão: "não é o momento de ser humilde: descobre teus seios, que cada um se dê conta do Santo bendito".[79] Mais uma vez, Sara não está aí para nada. Ela é o *kli* (instrumento), lugar de acolhida do milagre, derrota de um tempo sem futuro. Mas como articular dom de si e afirmação de si?[80] O riso de Sara não é escarnecimento diante da tarefa sobre-humana que lhe é incumbida? Ela pressagia que Abraão iria ser cúmplice de sua morte ao idolatrar o filho mais do que o ato de dom que é o nascimento de um filho? Um pode sofrer justamente pelo sofrimento inútil do outro?

A esterilidade é claramente apresentada como uma indisponibilidade ao dom. Mas não há nenhum princípio ativo do lado feminino que esta passividade de reconhecimento em face do dom, mesmo no momento em que ele parece contra natureza. O essencial está em que Sara saiba que esta vida não lhe pertence, submissão ou resistência à idolatria da perpetuação de si, entre si? Esta inverossimilhança do povo judeu que nasce contra natureza de uma mulher na menopausa é um dos cenários fantasmáticos recentemente desempenhados pelos biotecnólogos da reprodução. Ele mostra pela antinomia que, se o primeiro médico arquiteto do mundo pôde fazê-lo

[79] Midrach Raba.

[80] Aqui, ainda, em nome da homofonia entre *kli* (instrumento) e *k-li* (como se fosse para mim).

para Sara, a técnica permite hoje realizar de modo *assexuado*, pela técnica dos *bio-pais*, ou das *tecnomães*, que faz emergir novamente a idolatria de um eu autônomo, livre da necessidade da alteridade.

O nome de *Isaque* está no futuro: *ele rirá*, donde sua perfeição. Plotino mencionará, aliás, que, se todos os nomes dos patriarcas foram modificados, com exceção do nome de Isaque, é porque sua natureza era bastante perfeita para não necessitar de uma mudança de nome. Ele anunciava, todavia, como eles rirão desse povo inverossímil, nascido da técnica de uma reprodução assistida pela matriarca Sara. Na cultura hebraica, que permanece uma cultura da passagem (*ivri*)[81] e da transgressão desde o primeiro filho, a representação clássica da relação natureza-cultura é posta em desordem: a importância da dimensão simbólica se inscreve na natureza como o que é próprio ao humano. Nascer não é uma questão natural, é a inscrição do vir a ser humano como alteração da natureza. Somente o riso permite a Sara um recuo em face da finitude de seu corpo. Ele seria um riso irônico. Se seu riso re-envia sua menopausa, seu determinismo natural, não há limites para seu médico divino que pode modificar ou renovar seus órgãos. Ela ri da distância tomada em relação à natureza e permitida por esta colaboração, este assentimento com Deus. Trata-se de um ajuste, como o ajuste de Eva com o anjo Ramael. Mas é Isaque que herda desse riso, que é circuncisão, aliança,[82] não o determinismo do corpo, mas a relação com a própria natureza.

[81] A palavra hebraica se pronuncia *ivri* e quer dizer "atravessador", até mesmo "transgressor".
[82] Aqui, ainda, "circuncisão" se diz em hebraico *brit milah*, "aliança com a palavra, com a fala".

Graças a Sara, as mulheres seriam mais do que natureza. Ela abre pelo riso a via ao futuro do humano em uma competição aberta com Hagar, que está inscrita na reprodução natural, em que a fecundidade não é senão corporal. Ela deve ser reprodução acompanhada de um signo que se enuncia na mudança do nome, de Sarai em Sara; a aliança do feminino e do divino pela mediação da fala. É esta narrativa que fez o povo hebreu crer que um *kli* ou um *k-li* valia mais do que acessar a si mesmo; que a maternidade era mais do que o poder na sinagoga; que o corpo ainda que separado, criava mais do que os livros. Por que, então, Sara nega ter rido?[83] Deus fala pela boca de Sara e o riso não seria já uma transgressão deste contrato pelo dizer do corpo, que dará um filho a Abraão e morrer de medo por Itzahk? Um riso em sua boca, e o filho dado por Deus trará o nome de seu riso. É o único ato criador e transgressivo de Sara. Assim, como nas mitologias gregas, a mulher não seria senão um médium, um *kli*. Ela não possui um corpo, ela é possuída em seu corpo pela fala de outro. É por isso que, no momento em que Sara fala, suas falas são seguidas de efeito. É um pacto faustiano entre Deus e ela por poder gerar um filho que trará o nome de seu desejo, por falta de trazer seu nome.

Hagar não estava inscrita senão na ordem natural e se dirigirá a Deus diretamente. Mas sua liberdade só foi inscrita no presente, já que ela foi banida depois do nascimento de Ismael. Dir-se-á, aliás, de Ismael que ele herdou a paixão pela indepen-

[83] Quando os emissários perguntam a Abraão: "Onde está Sara?" "Ela está na tenda", um deles disse novamente: "É verdade, mas retornarei a ti em uma época semelhante e eis que um filho terá nascido a Sara tua esposa". Ela riu, e Deus pede contas a propósito deste riso de Sara, que responde: "Não ri de forma alguma".

dência e pela sede de liberdade de sua mãe, filha-mãe. O contrato bíblico é claro: a mulher virtuosa e submissa é inscrição na história, a mulher insubmissa é *desinscrição* da história.

Não é senão através do sacrifício de Isaque que vai inscrever-se a função parental: a idolatria está então na idolatria da filiação de si. O assassinato do pai não está longe. Graças ao totem, o pai pode assegurar sua função, dar lugar às futuras gerações e inscrever a letra da lei na força que sai da natureza.

Cenário fundador e sua paródia

A continuidade idólatra do mesmo no mesmo e o apagamento da alteridade implicam um corte no presente e a morte de si, para que o futuro seja o futuro de outro. Será o riso ou o pavor que nos protege melhor das derivas da idolatria de si? A Natureza é essa potência que faz nascer. Todavia, o nascimento de Isaque poderia ser qualificado por alguns de nascimento contra natureza. Espinosa sabia que esta luta contra a idolatria (da qual ele fez a essência de sua atividade filosófica), obra da razão, não cessou de provocar ódio: a razão quebrava a imagem do ídolo ideal de si, as estátuas que os idólatras constituíam em espelho para melhor adorar a perenidade do si. Como, na poética do divino, sair de todas as formas de idolatria e da mais fundamental, a que consiste na separação entre o corpo e a alma, a hierarquia do corpo e da alma, o primeiro sendo colocado do lado feminino e o segundo do lado masculino? Em um texto magnífico, "Dessacralização e desencantamento", Emmanuel Levinas define a idolatria como colocação em questão da mitologização do religioso:

> O sagrado é a penumbra em que floresce a bruxaria, [...] cozinha germânica do sagrado.[84]

Ele acrescenta:

> Por todo lado em que os homens dominavam a sociedade, certo equívoco se liga a humanidade da mulher, santa ou sagrada? [...] Esta dominação masculina é contingente e podemos perguntar se não é uma degradação da essência do feminino que opera o charme da bruxaria, irrealidade funcionando como traço do surreal.[85]

Com efeito, a bruxaria consiste em olhar além do que é possível ver, a fechar os olhos à imanência para investigar as estrelas... Sair dos limites e não se deter a tempo. A bruxaria não é uma perversão pagã, mas a própria tentação do povo santo.

Como a bruxaria, a idolatria é a desmesura do próprio poder, perversão de todos aqueles que procuram o verdadeiro. A idolatria estando do lado do querer-saber, a criação é vício que mesmo a justiça não pode resolver. A bruxaria é outro gênero do qual a espécie é a idolatria desde que ela seja transgressão desmesurada do limite. Ela reduziria o sagrado ao grau da imanência? Sim, se estivéssemos em uma perspectiva dualista. Mas a referência crítica de Levinas é aqui, de modo admirável, o monismo de Espinosa. A questão real é não confundir bruxaria com idolatria: como diferenciar a bruxaria exercida por Moiseés e a dos feiticeiros do Faraó, no êxodo? Bruxaria com ou sem intermediários?

---

[84] E. Levinas. *Du sacré au saint*. Paris: Minuit, 1977, p. 89.
[85] Ibid., p. 93.

Dessacralização e desencantamento

A intuição de Emmanuel Levinas consiste em fazer um paralelo entre a diabolização da técnica e a sacralização da ordem natural, entre a ilusão desdobrada "pelos beneficiários das especulações da bolsa"[86] e uma técnica racional, colocadas ao serviço dos fins humanos. No debate contemporâneo entre tecnofilia e tecnofóbicos, Levinas intervém para não dar razão nem a um, nem a outro. Proibição e autorização?

> Se conheceis os mistérios da criação, podeis, como Mahakhal de Praga, fabricar um objeto com aparência sobrenatural. Está autorizado. Este texto audacioso nos ensina quão ridículo seria impor limites às possibilidades humanas. A baixo as superstições reacionárias e os pavores diante do progresso técnico.[87]

O que marca o limite da técnica e da bruxaria? É a lei do *shabbat*, lei de separação e de diferenciação entre masculino e feminino, santo e sagrado. Ela mantém para o humano a capacidade de extrair-se da ordem das necessidades e da engrenagem das coisas. Dito de outro modo: ser capaz de articular determinismo e liberdade? Transcendência e imanência? Trata-se, como o ensina Hayim de Volozin em *Nefesh ha Hayim*, de aceitar renunciar as consequências práticas da todo-potência aparente do pensamento no homem, reivindicando em princípio esta todo-potência, como programa de investigação infi-

[86] Ibid., p. 103.
[87] Ibid., p. 114.

nita. Como assegurar que um desvio idólatra do saber não seja operado, que afastaria da santidade? Paradoxalmente, Atlan nos diz:

> Encontramos em Giordano Bruno certa espiritualização da magia natural, e queremos sugerir que tal acento na espiritualização e na abstração é talvez a origem longínqua em que podemos encontrar as chaves da separação radical que conhecemos hoje, benéfica ainda que, para alguns, difícil de assumir, entre de um lado ciências e técnicas despersonalizadas e de outro a ética da pessoa.[88]

Em uma perspectiva judaica, metaforicamente, a lembrança seria uma ativação masculina (uma virilização). O fato de guardar na memória (uma gestão) seria uma função feminina, ativação fundadora da lembrança, ao mesmo tempo ativação do passado e conceito de nascimento que explicam a legitimação da fabricação-lembrança do Golem.[89] Quem permite elevar o homem à condição de agente responsável (por sua memória) pela tecelagem do corpo infinito, a partir do *Sefer Yetzirah*,[90] bruxaria ou santidade? Como diferenciar, aí ainda, atividade idólatra e atividade responsável? Masculino e feminino? A linguagem do universo não é codificada geneticamente. A ideia de que o universo é linguagem e que as fórmulas são

---

[88] Henri Atlan, prefácio a *Golem* de Moshé Idel, Paris: Le Cerf, 1992, p. 16, para a tradução francesa de *Mystical traditions on the artificial anthropoid*, State University of New York Press, 1990.

[89] A memória de computador poderia substituir a memória do corpo na ectogênese?

[90] Em francês: *Livre de la création.*

criadoras está no coração das sociedades humanas que tentaram dominar seu meio ambiente natural (animismo antropomórfico). Esta louca crença no poder mágico das palavras foi retomada por certo discurso genético prometeico. Elas estabeleceram, todavia, uma separação graças ao cálculo impessoal e contribuíram para o desencantamento do mundo, do qual ainda se lamentam. Confusão, ainda, entre magia e bruxaria? Pensemos na cibernética e na eficácia do *logos* no domínio do vivo. O medo da decodificação do genoma humano não seria o medo do retorno dos mágicos? Teríamos nos enganado de lado? Os mágicos guardariam a memória estéril, recusariam o risco da gestão da memória parteira de conceitos?

O pensamento judaico não considera o saber como uma revolta contra Deus, mas como sua saída do *tzimtzum*, da divisão do sentido, um caminho de ascensão em direção à santidade. O encontro orgásmico entre a memória e a fecundidade desta memória? O homem que se trata de criar é ao mesmo tempo feminino e masculino. O pensamento monista está realizado e nos liberta do idealismo platônico que acreditava que deveria fazer uma hierarquia entre o poder de gerar Diotima e a maiêutica conceitual de seu filho. Não se trata de contemplar os conceitos, mas de ativá-los graças ao matricial.

Retorno pelo viés técnico ao homem primordial?

Naturado e naturante, não está aí uma forma de reconciliação? No terceiro gênero de conhecimento de Espinosa a natureza é possível entre o feminino e o masculino. A idolatria residiria no monismo que não deixaria lugar para a alteridade, para o feminino? Depois dessas hipóteses sucessivas, podemos responder que se há a idolatria da reprodução, é porque, como a antropologia nos ensinou, procriação e filiação servem interesses coletivos. O direito coletivo que funda o social passa antes da reivindicação individual das mulheres. Se as sociedades tradicionais tivessem excluído o primado do individual e do biológico, podemos doravante estabelecer a filiação pelo critério da verdade genética que implica uma precedência do gene sobre a lei. Não é tempo de fazer o elogio da imperfeição do acaso, no momento em que as técnicas de reprodução assistida não fariam mais Sara rir?

Nada de identidade possível sem alteridade. O feminino e o masculino deverão continuar a colaborar. Mas por que não ao se reapropriar do poder das técnicas para modificar as relações sociais? É o que veremos no próximo capítulo consagrado a Donna Haraway e a sua visão do útero tecnocientífico ou do útero artificial.

5
Haraway ou a cibergênese

Donna Haraway, bióloga e feminista, propôs nos anos 1980 uma reflexão sobre o modo com que se fabricava a ciência. Enquanto construtivista, ela recolocou em questão o objetivismo científico a partir de uma *démarche* situada politicamente. Seu engajamento enquanto feminista estava ancorado em torno do debate sobre o aborto. Ela tentou mostrar como nossas construções sociais eram apresentadas no discurso científico e como estes, por sua vez, modificavam nossas relações sociais ao construir uma verdade que dependia daqueles que interrogavam *a natureza* para frequentemente projetar nela seu desejo. Como Evelyn Fox Keller, ela estabeleceu um paralelo entre o dualismo ocidental e o debate em torno do gênero e do sexo. O que nos interessará particularmente nesse capítulo será a maneira que sua reflexão sobre o mito do *cyborg*, que invadiu a ciência-ficção antes de invadir a biomedicina, tornou-se uma figura de política-ficção com um efeito real sobre o modelo da família orgânica, para o qual nem o pai, nem a mãe são essenciais, pois eles dependem da máquina. Os *cyborgs* não conhecem nem os limites entre os humanos e as máquinas, nem os limites entre o animal e a máquina. A *cibergênese*, como o útero artificial, é interessante porque, como experiência do pensamento, ela torna, enfim, caduco o dualismo entre materialismo e idealismo..., porque as máquinas não seriam senão caricaturas do desejo reprodutivo dos homens:

> They were not man, an author to himself but only a caricature of masculinist reproductive dream.[91]

A intenção de Donna Haraway, claramente enunciada em *Modest witness*,[92] é ultrapassar esse dualismo que é um obstáculo à igualdade e ao processo de libertação das mulheres. Ela constata que a modificação do papel da ficção é paralela a evolução da tecnociência e nos convida a pensar o papel do desejo e do imaginário na produção científica.[93] Para ela, a cibernética é uma tentativa de apagar a pertinência da dicotomia entre real e virtual. Ela torna possível a ideia de nascimento a si. A reprodução assistida recoloca, em uma perspectiva materialista, a questão do poder de criação do humano em termos de gênero. A biologização da divisão natural dos papéis parentais é denunciada como uma regressão ao modelo patriarcal de filiação em reação ao apagamento da evidência biológica da diferença dos

---

[91] Donna Haraway. "The cyborg manifesto: science, technology, and socialist-feminism in the late twentieth century". In: *Simians, cyborgs and women: the reinvention of nature*. Nova York: Routledge, 1991, p. 152.

[92] Donna Haraway. *Modest_Witness@Second_Millenium. FemaleMan_Meets_OncoMouse, Feminism and Technoscience*. New York, Routlegde, 1997.

[93] Penso particularmente aqui em *Qu'est-ce que la vie?*, de Erwin Schrödinger, que desempenhou um papel fundamental nas representações simbólicas de numerosos cientistas.

sexos. As técnicas da reprodução assistida respondem simbolicamente a esta questão invocando a resposta técnica do desejo de *se autoproduzir*. Tudo se passa como se o desejo de eternidade, subjacente a todo processo criativo e ao qual as técnicas tentam responder, foi tornado possível graças à reprodução assistida, sob os *spots* dos laboratórios e não nos miasmas obscuros do útero feminino. Interrogaremos essas representações para substituí-las por outras, saídas de uma ontologia pós-metafísica.

A ontologia do *cyborg* de Haraway, que se inclina sobre a significação da pesquisa de um *útero tecnocientífico*, cuja expressão é um pouco irônica,[94] sublinha o fim mais ou menos confesso das técnicas de reprodução de melhorar a natureza pela técnica, o que permanece uma ilusão da perspectiva dualista que ela denuncia. "A máquina não nos perverte, pois ela é", nos diz ela. É história antiga, como pudemos ver com Sara, mas essa dicotomia fundou a ontologia filosófica do Ocidente cristão. Com efeito, desde que Diotima, mãe biológica de Sócrates, lhe transmitiu sua *teknè* para que ele dê a luz às almas e não aos corpos, dois discursos narrativos concorrentes emergem da filosofia: aquele da utopia de ultrapassagem do determinismo pela liberdade, que escandiu a história da filosofia, e aquele do receio de perturbar as essências. Como vimos no capítulo precedente, Irigaray, em *Spéculum*,[95] já havia relido o mito da caverna para ilustrar o desejo de um segundo nascimento que habita a filosofia ocidental: fazer nascerem as crianças do espírito mais do que

[94] Haraway atribui à ironia uma capacidade de desdobramento reflexivo sujeito-objeto.
[95] Luce Irigaray. *Spéculum de l'autre femme*. Paris: Minuit, "Critique", 1974.

as crianças do corpo. Esse dualismo é obsoleto filosoficamente, mas volta a aparecer através das biotecnologias por intermédio daquilo que os anglo-saxões, assim como Bruno Bettelheim, chamaram *the birth envy*.[96] Essa ultrapassagem da técnica filosófica em direção a biogenética seria, segundo algumas pessoas, o desejo motor do avanço das tecnologias da genética do desenvolvimento. O velho desejo subjacente é se libertar do dever nascer e morrer no apagamento das diferenças biológicas. O preço exorbitante a ser pago por esta liberdade prometeica é para alguns correr o risco de geneticamente modificar a *natureza humana*. Assim, a ficção literária e filosófica, que fundou a metafísica platônica, se realizaria graças às tecnociências na bio-ontologia *inultrapassável de nosso tempo*? Constatamos que é sobre esta narrativa prometeica, especialmente, que se construiu a instituição patriarcal como lugar do *savoir-faire*. Nesse mito se inscrevia o desejo de controle da natureza pela técnica em sua dimensão performativa. A crítica maior que lhe dirigiu a filosofia essencialista foi de ter sido a narrativa concorrente e que precedeu o pensamento metafísico cristão e prometeico do Deus-Natureza como interlocutor e guia dos desgarrados.

A visão de Haraway

Devemos ao primeiro Heidegger ter aberto a via em direção a um pensamento *pós*-metafísico ao apresentar a técnica como um modo de desvelamento. Estamos ainda muito fre-

---

[96] Bruno Bettelheim. *Les blessures symboliques*. Paris: Gallimard, 1971.

quentemente dependentes deste debate simplificado em que se opõe a filosofia e a técnica nos termos enunciados por Heidegger (em *Caminhos que não levam a parte alguma*), depois Jacques Ellul, especialmente[97] (noção de perda de controle). Visões mais pragmáticas abriram uma transição em direção a multiplicidade, o pensamento da complexidade, e se afastaram dessa lógica dual. Como as mulheres imaginam novamente uma filiação que não se limita a recolher os fragmentos de sentido que deixaram os vasos quebrados da modernidade? Ainda seria preciso que as visões do mundo fossem claramente diferenciadas entre homens e mulheres. O pluralismo dos feminismos ecológicos ou cibernéticos nos mostra a fraqueza do argumento diferencialista para resolver essas questões por uma aproximação de gênero monocromo.[98] Para Donna Haraway, o conceito de gênero foi criado para colocar em questão a naturalização da diferença sexual. Os conceitos de tecnologias de *identidades de gênero* emergem de uma leitura funcionalista do paradigma. Em 1958, o *Gender identity research project* estudava a transsexualidade e introduzia a expressão *identidade de gênero* no Congresso de psicanálise de Stockholm em 1963. O conceito tornou-se então uma mistura de funcionalismo e de causa social, cristalizado em um livro de Anke Ehrardt, *Man and women, boy and girl.* Esse livro fracassa em questionar as categorias binárias da natureza e da cultura, sexo e

---

[97] Jacques Ellul. *La technique ou l'enjeu du siècle.* Paris: Economica, 1990.

[98] Haraway mostrou a dimensão reducionista da aproximação de gênero se ela não estivesse associada a uma perspectiva histórica e socioeconômica.

gênero. A crítica só veio no fim dos anos 1980, especialmente com Sandra Harding e Judith Butler, que relativizaram as categorias *passivas* do sexo e da natureza. Trata-se para Donna Haraway, através da antropotécnica, de deslocar as mulheres da categoria de natureza em direção a cultura. Isto conduziu, segundo ela, a reproduzir esse dualismo, porque as mulheres se posicionando contra o determinismo biológico fracassaram em pensar o laço entre determinismo biológico e construção social. Elas consideraram que a dimensão natural da reprodução e da maternidade fossem lugares de resistência contra a dominação das mulheres na história, se reduzindo ao patriarcado, ao imperialismo e ao capitalismo. Essa repressão da categoria clássica de natureza impediu a reconstrução de uma visão alternativa, mas simplista da natureza em que estariam inscritas as mulheres. Para Judith Butler, a libertação das mulheres poderia resolver-se em uma prática instituída em um campo de sujeições. O conceito de sujeito mulher, que hesita entre dimensão inata e adquirida, impede precisamente de construir uma identidade autônoma e responsável. As mulheres participam da construção narrativa segundo a qual a maternidade é natural e a paternidade cultural. Se é mãe por evidência empírica e pai por inferência.[99] Donna Haraway tenta imaginar uma visão feminista da objetividade científica incorporada que exigiria um *desligamento apaixonado* de uma racionalidade contextualizada. Para ela, o corpo é um agente e não um organismo. Essa definição do corpo será essencial para sua visão do tecnoútero.

---

[99] Haraway desenvolve esses argumentos em *Simians, cyborgs and women...*, op. cit.

O ÚTERO TECNOCIENTÍFICO

Donna Haraway assinala que construímos uma quase--identidade entre corpos vivos e tecnologias. Os corpos não são mais nascidos, eles são fabricados. Segue-se que, segundo ela, a objetividade científica não pode mais pretender fazer descobertas desengajadas, mas, ao contrário, participa na construção mútua de estruturas que implicam assumir riscos. O corpo ancora a contestação social e política, em face da naturalização da biomedicina. Ele resiste a uma reinvenção da natureza que começaria sua construção narrativa por: *Na origem estava a cópia* que deriva de esquemas de imunologia contemporânea embasada na autorregulação. Haraway conclui que o si e o outro perdem a dimensão racional de sua oposição, e se reduzem a não ser em espelhos um do outro. Esse apagamento da alteridade deu lugar ao sociobiologismo que conduziu a um holismo bio-*cyborg*. Mas, como assinala Andrea Dawkins, o indivíduo não desapareceu, ele foi desnaturalizado. O que resistiu a este movimento de desnaturalização do corpo foram o desenvolvimento da embriologia e a construção de linhagens de células da qual cada uma tem uma finalidade específica, fazendo do indivíduo um acidente e não o produto da história. Haraway mostra que esta ideia reaparecerá na ciência-ficção feminista como convite a não ser condenado a reproduzir o mesmo, especialmente na fascinante trilogia de Octavia Butler, *Xenogênese*,[100] que constrói uma ontologia da mutação da metamorfose e da diáspora. Ela reinventa aí a ideia de um outro que não seja subordinado ao mesmo

[100] Octavia Butler. *Xenogenesis*. New York: Warner, 1987.

e que invente uma outra história da maternidade e da reprodução. É por isto que escolhemos, para abordar esta questão, tomar uma posição de viés ao situar as análises do laço entre tecnologia, reprodução e biopolítica, não sobre o corpo social, mas sobre a representação que as mulheres têm de seu corpo através da ficção ou da ciência. Este debate se dá essencialmente entre ecofeministas (Maria Mies, Adrienne Rich, Andrea Dworkin, Cindy Griffin) opostas ao *tecnopatriarquismo* e às ciberfeministas (Donna Haraway, Sarah Franklin, Shulamith Firestone, Judith Butler) que consideram a técnica como uma ferramenta de libertação potencial. O encaminhamento ciberfeminista de Haraway é inovador naquilo que ele se apresenta como alternativa ao pensamento do ressentimento, destilado ao mesmo tempo no pensamento metafísico tradicional e nas ecofeministas que repetem de modo invertido a biologização da natureza feminina. Essas duas faces de Janus do discurso se opõem a toda alteração da natureza que recolocaria em questão esta aliança da identidade biológica e pessoal. Haraway, em um quadro resolutamente antinaturalista, oferece, enquanto mulher da ciência, um encaminhamento original concernente aos riscos tecnológicos debatidos no quadro da filosofia da técnica. Esta originalidade se funda na recusa do encaminhamento reacionário engendrado pelo ressentimento e é baseada na alegria de criar uma visão da técnica para permitir as mulheres de sair de sua *pré-humanidade*. Para Haraway, trata-se menos de fustigar o que Heidegger nomeia a errância do ser do que celebrar a possibilidade da transformação pela autotécnica da divisão homem mulher em *female-man*,[101] expressão

[101] Donna Haraway. *Simians, cyborgs and women*. Op. cit.

que Donna Haraway toma emprestada de Johanna Russ,[102] ela também autora de ciência-ficção. Trata-se de ser a testemunha atenta e crítica da não-monopolização destas técnicas por uma visão ultrapassada do saber científico.[103] Ao perceber os efeitos da técnica sobre o corpo, elas sublinham que as narrações do mundo não são neutras em termos de efeito político sobre a emancipação das categorias de gêneros e que a divisão natural dos sexos, no momento em que ela se torna uma ferramenta de dominação social, se transforma em má ciência. O desejo de neguentropia expressa nas metáforas científicas contemporâneas[104] pode pretender ser neutro em termos de gênero? Porém, mais radical, a noção de gênero é pertinente em um quadro em que a técnica transforma a natureza naturante do humano em *cyborg*?[105]

---

[102] Johanna Russ. *The female man*. London: The Women's Press, 2000.

[103] Cito Haraway, mas seria preciso citar também os trabalhos de Marie Stathern, Hilary Rose e muitas outras, que constituem uma corrente de pensamento fecunda, mas que, fora dos meios feministas, são mal conhecidas na Europa.

[104] Evelyn Fox Keller. *Le rôle des métaphores dans les progrès de la biologie*. Paris: Les Empêcheurs de penser en Rond – Synthélabo, 1999.

[105] A noção de *cyborg* é utilizada no sentido de Norbert Wiener, que retoma a raiz grega de "governar e organizar as diferentes esferas da sociedade". Ele concebe as biotecnologias como desenvolvimentos da cibernética que põe a questão do laço entre o homem e a máquica.

O *CYBORG* COMO ONTOLOGIA?

Desde a primeira página de sua obra,[106] Donna Haraway liga a noção de *cyborg* à narrativa de ciência-ficção de Marge Piercy,[107] para levá-la ao Golem de Varsóvia, ao qual o próprio Norbert Wiener estava ligado. Ela faz figura de pária positivo, mas também um símbolo da defesa das comunidades em perigo. O Golem o foi para a comunidade judaica. Sabemos da filiação dessa figura no pensamento cibernético de Wiener. Mas isto não nos diz ainda o que representa o *cyborg* para a própria Donna Haraway. A primeira definição nos é dada na página 12 da obra, nestes termos:

> As imagens *cyborgs* – a semente, a pulga, a base de dados dos genes, a bomba feto, a corrida para o cérebro e o ecossistema de fim de milênio – são os descendentes da implosão de sujeitos e de objetos, e do natural e do artificial. Talvez, os *cyborgs* habitem menos os domínios da vida, com suas temporalidades de desenvolvimento e orgânicas, que a própria vida, com suas temporalidades inclusas no melhoramento das comunicações e da recepção do sistema. A própria vida é empresa.
>
> Um *cyborg* é um organismo cibernético de ciência-ficção e uma realidade social no fim do século XX; somos todos quimeras, híbridos míticos de máquinas e de organismos – em uma palavra, *cyborgs*.

[106] Donna Haraway. *Modest_Witness...*, op. cit.
[107] Marge Piercy. *He, she, it*. New York: Fawcett Books, 1993.

Essa ontologia é apresentada como alternativa lúdica ao pensamento de derrelição de Heidegger e de seus *irmãos*. Para Haraway, a questão é de saber em que condições o conhecimento científico do vivo, associado à tecnologia, poderia ter uma virtude emancipadora dos destinos sociais. A questão subsidiária: para quem ela seria emancipadora? Tudo se passa como si compreender e fazer fosse imediatamente contemporâneo?[108] Essa imediatidade do fazer condicionaria o neonascimento do humano através de um útero tecnonaturado que permitiria, como o mito da caverna, um renascimento a si invertido do passado em direção ao futuro? Donna Haraway sublinha que, desde a genética do desenvolvimento, saímos de uma lógica bivalente ser-não-ser, feminino-masculino, natureza-cultura. Paradoxalmente, as ciências permanecem ainda cativas de uma lógica insuficiente. Elas nos tornam incapazes de descrever os novos fenômenos culturais produzidos pela técnica. As categorias filosóficas clássicas parecem não poder incluir essas novas realidades. Haraway inventa então uma nova gramática, porque ela propõe um modelo mais complexo, saído da implosão do modelo idealista.[109] Se o corpo é hoje cada vez mais tecnonatural e as ideias cada vez mais materializáveis, essa fusão entre *bíos* e *tékhne* nas biotecnologias coloca, segundo ela, em questão, os fundamentos idealistas do nascimento como nascimento ao espírito que prevaleceria do idealismo platônico até Heidegger. Essa visão do nascimento como produto de um ato técnico traduz simbolicamente a exigência de sair de

[108] Conferir Hannah Arendt. *La condition de l'homme moderne*. Paris: Calmann-Lévy, 1961, p. 10.

[109] Donna Haraway. *Simian, cyborgs and women*. Op. cit.

toda forma de essencialismo dos valores, com a intenção de acompanhar a técnica por um pensamento construtivista livre de todo dado. A questão do nascimento a si se coloca em um outro jogo de formas em face da fabricação técnica da criança, no que ele desempenharia a divisão masculino-feminino em sua articulação neutralizada (*female-man*). Essa questão da *re-produção* ou da criação de crianças é paradigmática de uma tensão no interior da filosofia da técnica. Ela exprime o mal-estar e a fascinação de nossos contemporâneos para com a técnica, assim como a tentativa contraditória de colocar a "cultura como sistema de resistência para com a barbárie da técnica". A biotécnica introduz, com efeito, a indeterminação e, então, a incerteza no antropocentrismo ocidental e guarda o estatuto de forasteira. As tecnociências encontram a Natureza como um conjunto de processos contingentes e modificáveis. Como, desde então, repensar a ética, a universalidade dos valores, se a ciência está em co-nascimento [co-naissance] com a técnica? Os objetos técnicos não são "teoremas reificados, eles se apoiam em conhecimentos heterogêneos e integram significações sociais ao seu desenvolvimento que tornam obsoleto o dualismo natureza-técnica".[110] Com efeito, o desenvolvimento das biotecnologias concerne dois tipos de objetos: aqueles que fabricamos e aqueles que modificamos. Essa tipologia torna porosa a fronteira entre a técnica e o natural. Tudo se passa como se a técnica tentasse aproximar-se da natureza ao naturalizá-la, quer dizer, eliminando as contingências temporais, ainda ligadas aos fatos naturais que são o nascimento e a mor-

[110] Francis Bacon. *La nouvelle atlantide*. Paris: Flammarion, 1995.

te, e que permanecem nas representações os dois parênteses que limitam o poder ser. Este domínio do vivo e, recentemente, dos fenômenos de apoptose pressupõe uma autonomia da técnica que cria a ilusão de poder escapar a todo controle social dos efeitos sociais dessas "ficções calculadas"[111] e, por aí mesmo, a todo sistema de valores que pretenderia julgar a legitimidade das aplicações tecnocientíficas. Bacon já sonhava "prolongar a vida, curar as doenças incuráveis... aumentar e elevar o cerebral, fabricar novas espécies etc.".

O primeiro Heidegger de *Sein und Zeit* sublinhava a fissura profunda entre duas respostas tecnológicas no mundo que se segue. Para Martin Heidegger, a questão era de saber se a técnica era chamada a encontrar seu próprio limite em uma crise que conduziria o homem em direção à consideração da essência do ser, obliterada ou não pela dimensão de destinação da técnica. Marcuse sublinhava, em *O homem unidimensional*, o impasse de Heidegger em estabelecer uma ligação entre os métodos da tecnologia e os métodos da democracia. Se Heidegger politizou a tecnologia, é forçoso constatar que ele não o fez no sentido da democracia. Ele se refugiou em uma visão romântica do poder tecnológico que engendrou uma derrelição mortífera. Ele nos ensinou, todavia, que o caminho em direção a reforma da cultura tecnológica não podia ser sua politização em um quadro antidemocrático, nem a esperança romântica que um deus viria nos salvar do niilismo destilado pela técnica.

---

[111] Rilke e Heidegger apresentavam a técnica como ficção calculada, sem consideração para com a representação pré-existente a todo projeto técnico, o que Husserl chamava "pré-dado passivo do mundo".

Embrião *cyborg*?

Donna Haraway começou seu trabalho sobre as raízes das perspectivas de gênero em nossa cultura ao repensar essencialmente a noção de Natureza em face da noção de experiência em uma corrente pragmática próxima de John Dewey. Ela oferece, com efeito, graças a esta racionalidade contextualizada, uma alternativa para a dicotomia essencialismo-materialismo com a contribuição de discursos narrativos alternativos. Os *cybors* de Haraway aparecem em visões míticas para interrogar a fronteira entre a humanidade e animalidade, corpo e máquina. Ela denuncia que as máquinas cibernéticas eram ainda obsedadas pelos mundos ideais, elas não podiam senão mimar o sonho de autoprodução dos humanos. Nossas máquinas são cada vez mais vivas e nossos corpos consagrados à inércia. A determinação não é mais biológica, mas tecnológica e anula a oposição entre natural e artificial. Ela questiona a posição progressista de Marcuse ou de Habermas que fazia da resistência à tecnologia e da dobra sobre o corpo orgânico uma forma de resistência à alienação. Ela convida, ao contrário, a não sentir mais estranhamento entre o animal e a máquina. Como os embriões diaspóricos da fecundação *in vitro* habitavam um espaço-tempo em mutação, o tecnobiopoder dá nascimento ao corpo biopolítico. Assim, a tecnociência saiu para Haraway do *útero tecnocientífico*, pertencendo à *female-man* de Johanna Russ, que não é senão uma ficção cibernética podendo ou não, tornar-se real. Os produtos da tecnociência são os *cyborgs*, em que a biologia e a informática coabitavam. Mas a *démarche* performativa de Haraway ilustra que a descrição da ciência é performativa, porque ela influencia o modo com o qual construímos nosso mundo social. As virtualidades técnicas ainda não souberam inventar uma ordem social nova. Essa constatação permite pensar um laço entre feminismo e modalidades de produção alternativas ao saber gerado pela tecnociência. Em face à metáfora do instrumento e da ferramenta aparece de novo, transformada, a metáfora do nascimento e do útero. O primeiro *tecno bastardo* desse novo modo de *re-produção* é o *onco-rato*. A produção deste saber científico afeta a reprodução humana, a percepção do embrião e do feto como artefatos mistos de natureza-cultura.

Essa reflexão coloca a questão da pertinência do renascimento que traria o biopoder nas relações intersubjetivas entre os sexos, ao se perguntar se o *cyborg como organismo cibernético* poderia inaugurar um novo humanismo, permitindo ultrapassar a gramática do ressentimento da lógica binária do pensamento dualista. A ontologia do embrião *cyborg* toma, com efeito, o risco da liberdade que consiste em estar mais interessado pelo incerto do que pelo aspecto mortífero do previsível. Ainda aí, Donna Haraway dá as costas ao segundo Heidegger. A gramática e a semântica alternativa que ela elabora tornam caduca a distinção entre natureza e cultura, e ilustra de modo performativo sua interação. Não se trata de temer que a tecnologia prive as mulheres de sua condição, mas que ela acentue o sentimento de alienação. O pensamento lúdico de Haraway e a influência que ela teve sobre o pensamento feminista materialista e político, permite às mulheres que investiram na pesquisa em ciências sociais, em filosofia ou em história das ciências, serem testemunhas críticas da evolução política das biotecnologias. Ela permite, sobretudo, colocar fortemente em questão a tecnofobia das ecofeministas, prisioneiras da gramática heideggeriana que, ainda que pós-metafísica, permanece essencialista em relação a estas questões. Haraway apresenta em seus escritos uma forte determinação para explodir as potencialidades do desenvolvimento tecnológico, para contribuir com um pensamento do gênero sobre uma modalidade lúdica e plural, baseada na ideia de tecedura complexa de possibilidades que evoca para ela o jogo das cordas (*cat craddle*). A especificidade metafórica deste jogo é colocar em cena a ontologia *cyborg* em uma perspectiva não sincrônica, que desfaz a representação clássica da filiação e permite pensar o nascimento a si em uma estrutura de formas complexas. Essa metáfora lúdica do *cat craddle* é uma invenção que visa participar da pluralidade dos jogos de linguagem, a fim de cada sujeito se colocar não em posição de herdeiro de modelos, mas de tecelão criador de modelos. Ao procurar uma alternativa para a construção clássica do saber e do conhecimento [conaissance], as mulheres foram, durante muito tempo, como veremos, refratárias às tecnociências, percebidas como posição em desvio da aliança saber-poder.

Se a filosofia da técnica se reivindica um olhar progressista, virando as costas para a metafísica por acompanhar a tecnociência de modo crítico, ela negligenciou durante muito tempo fazer conhecido o trabalho de mulheres filósofas ou sociólogas nesse domínio preciso, perpetuando a tradição filosófica. Desde então, é pouco impressionante que nos anos 1980 se encontrassem, nesse domínio, sobretudo mulheres tecnofóbicas. Elas desenvolviam uma associação essencialista entre os conceitos de natureza e de mulher, indicando, paradoxalmente, uma construção emergindo do campo das representações mais hostis à libertação das mulheres, à crença de uma ontologia universal.

Nossa constatação consiste em que tudo se passa como se esta visão não tivesse sido modificada pelas tecnociências, mas se reproduzisse classicamente no quadro tecnonatural que é o nosso, pois se trata de uma superação dos conceitos que não mudam nada em motivo ou desejo de apagar a diferença entre arte humana e arte *divina*. A questão das tecnociências e da medicalização do corpo divide as mulheres (como, aliás, os homens) hoje entre aquelas que reivindicam as tecnociências como condição de sua libertação e aquelas que continuam a ver o embargo do patriarcado sobre os corpos por meios mais instrutivos em nome, por exemplo, da luta contra a esterilidade que as tornam vulneráveis. Parece-me, precisamente, que Haraway contribui em propor uma alternativa a esta dicotomia entre a autonomia da técnica e o determinismo natural, todos dois apresentados, especialmente em Heidegger, como sendo igualmente alienantes. Heidegger dizia:

> Tudo funciona, isto é o inquietante, que isto funcione e que o funcionamento engrene sempre um novo funcionamento, e que a técnica arranque sempre mais o homem da terra, o desenraize.[112]

Este pensamento heideggeriano influenciou fortemente a filosofia francesa do pós-guerra e deu sua legitimidade intelectual à tecnofobia. Ele implica uma filiação do pensamento que se funda sobre a filiação biológica, precisamente no momento em que a técnica é capaz de colocar a desordem na filiação e

[112] Martin Heidegger. *Essais et conférences. La question de la techique.* Paris: Gallimard, 1958.

em nossa percepção de uma ordem temporal sincrônica. Saímos, graças à Donna Haraway, à Marge Piercy ou à Judith Butler, do prejuízo segundo o qual a tecnologia estaria codificada no masculino e, consequentemente, que as mulheres teriam o dever de serem tecnofóbicas. Mas a questão permanece aberta de se saber quais são, pragmaticamente, os efeitos da associação mulher-natureza ou, ao contrário, a vontade de problematizar essa associação a fim de criar formas plurais de autoidentificação através dos gêneros. Shulamith Firestone,[113] feminista radical, defendia nos anos 1980 uma aliança radical das mulheres nos projetos tecnológicos, com o objetivo de, precisamente, rejeitar toda forma de opressão *natural* à qual as mulheres foram sujeitadas em nome da Natureza. Mas, aí também, ela não faz senão inverter a ontologia tradicional em uma *démarche* oposicionista sem propor alternativa, a ideia consistindo em que a natureza é alienante e não a tecnologia. Donna Haraway se situa entre esses dois extremos do ecofeminismo tecnofóbico e da tecnofilia do radicalismo feminista. Ela permite uma renegociação entre a identidade sexual e o racionalismo científico, e, por aí, um diálogo fecundo entre o feminismo político e as biotecnologias da reprodução em particular.

A pseudonaturalidade da *re-produção* e de nossas representações da vida biológica são principalmente colocadas em questão. O início da vida tendo sido remodelado pelos desenvolvimentos biotecnológicos, as questões da naturalidade ou da artificialidade são insuficientes para responder a legitimi-

---

[113] Shulamith Firestone. *The dialectic of sex: a case for feminist revolution*. London: The Women's Press, 1979.

dade para as mulheres recorrerem a estas técnicas. Elas não oferecem ainda a fabricação assexuada que conduziria a uma libertação do determinismo biológico, mas um meio de ter acesso ou de inverter os privilégios sexualmente determinados. Reproduzir uma criança com a assistência de uma mulher, voluntária ou não, ou de biotecnologias dominadas, parece ser a alternativa em termos de biopoder, como se o momento da reprodução fosse o todo da maternidade. Já as técnicas de reprodução assistida, para além de seu aspecto terapêutico, tornam-se o meio de um novo paternalismo, ao passo que elas eram a esperança para as mulheres dos anos 1980, de permitir ultrapassar o prejuízo da desigualdade biológica entre os sexos. Como pensar, com efeito, em termos de senso comum, para além da visada sincrônica da filiação, esta proliferação técnica combinatória que vai em todos os sentidos,[114] em uma quase-espontaneidade mecânica do autocrescimento? Para Haraway, a violência reside no pseudossentido comum das representações que fazem tela às versões alternativas e forçam a pensar em uma lógica do ou/ou. Sem ser uma tecnofilia cega, ela prefere, nos diz ela, "ser um *cyborg* do que uma deusa". Ela abre a exploração positiva das possibilidades que são oferecidas às mulheres pelo desenvolvimento tecnológico. Em seu texto guia, ela se pergunta especialmente como as mulheres poderiam orientar seu desenvolvimento, já que as tecnologias reprodutivas e cibernéticas são questões nas quais o pensamento das mulheres deve inserir-se. Haraway encarna a maturação do neofeminismo dos anos 1990 que explora as possibilidades

---

[114] Gilbert Hottois. *Le signe et la technique*. Paris: Aubier, 1984.

oferecidas às mulheres por estas técnicas, sem ser enganada por sua não-autonomia no momento em que elas se desenvolvem em estruturas patriarcais de poder. Ela dirige uma extrema atenção aos desvios dos desenvolvimentos tecnológicos em face das aquisições do movimento de libertação das mulheres. Ela denunciará fortemente os discursos abusivos dos essencialistas, como Shiva Vandana e Maria Mies, que associam muito rapidamente tecnologia e totalitarismo:

> Foi fácil denunciar como fascista o genocídio perpetrado na Alemanha hitlerista, mas raros são aqueles que chegam a discernir o genocídio atapetado atrás do estandarte do eugenismo. [...] Existe, todavia, uma continuidade histórica que parte do movimento eugenista, via Alemanha nazista, para chegar às novas técnicas de reprodução, no diagnóstico pré-natal, no gênio genético, na fecundação *in vitro*.[115]

Essa visão alarmista das tecnologias da reprodução, retomada pelos materialistas, lhe parece contraprodutiva porque errônea. Ela denuncia, nesse sentido, a mesma escolha antimetodológica de feministas que, para desafiar a racionalidade masculina, escolheram a irracionalidade com a qual sempre se acusou as mulheres. Essa corrente passa ao lado das questões essenciais ao privar as mulheres, do Norte como do Sul, dos benefícios dessas tecnologias, em uma posição vitalista que precisamente contribuiu para reduzir as mulheres em sua

---

[115] Maria Mies, Shiva Vandana. *Écoféminisme*. Traduzido do inglês por Edith Rubinstein. Paris: L'Harmattan, 1998, p. 205.

função reprodutiva. Donna Haraway convida a pensar o saber de outra forma, a construir sobre o vivo em termos de gêneros, mais do que em termos de sexo da reprodução do vivente. Para muitas mulheres, a questão permanece a de saber se a dessexualização da reprodução é uma forma de libertação. Se a técnica permite materialmente uma desbiologização dos gêneros, qual efeito teria este apagamento da *natureza feminina* sobre as mulheres? A libertação natural não seria uma assimilação a um mundo técnico cujo gênero é masculino? Gerar pode ser percebido como uma liberdade das mulheres ou é necessariamente uma contingência ligada a sua condição biológica, da qual elas deveriam se libertar graças à técnica? Essas questões redundantes não fazem sentido senão em um contexto sociopolítico concreto e requer uma fenomenologia da gravidez que não poderemos elaborar aqui. Mas a questão basta nela mesma para mostrar o laço entre tecnologia e política, tecnologia e escolha existencial. Se o uso dessas técnicas coloca algumas questões de abuso de poder (de abuso de decisão da parte médica e política), ele está ligado à representação da associação do saber científico e da verdade que despreza o desejo individual e, então, a vontade das mulheres. Para Haraway, as mulheres não podem curvar-se a uma representação unívoca do biopoder em torno do *como fazer nascer*. Como fazer, por exemplo, para que o sujeito que vai nascer não se torne o instrumento de um crescimento técnico de um único gênero e desprezador da reprodução dita *natural* das mulheres e do sexo feminino em geral? Dito de outro modo: como não repetir, através do reino biotecnológico, os quadros de opressão da antropologia escatológica, e fazer da filosofia da técnica uma alavanca que permite uma mudança social e não um simples instrumento nas mãos dos potentes?[116] O pensamento filosófico pode funcionar como uma heteronomia que condicionaria paradoxalmente a autonomia da técnica? Tal parece ser o desafio dos ciberfeministas.[117] Ele está lançado, no debate que se dá no interior da filosofia da técnica, ao abordar a tecnologia de modo pragmático e crítico, em termos de interesses políticos imediatos para a emancipação das mulheres, a partir da ideia segundo a qual sua determinação natural consistiria em re-produzir mais do que produzir, e seria, desde então, um freio ao desenvolvimento tecnoindustrial.

Os ciberfeministas levantam a hipótese segundo a qual as normas não emergem nem do determinismo histórico, nem de tecnologias específicas, cegas para o determinismo histórico, mas da interação entre avanços teóricos e aplicações práticas. Estas devem ser decididas em termos de justiça, e não cegamente em nome da autonomia das tecnologias e da neutralidade axiológica das leis do mercado. Nestes termos, não há, para Haraway, diferença entre a tecnologização da política e a politização da tecnologia, já que a tecnologia deve orientar a política a fim de permitir a vida boa de cada indivíduo. A tecnologia é pensada como a produção inteligente de ferramentas que permitem ultrapassar situações problemáticas. A ética está ligada a soluções de problemas pelas associações políticas, na diversidade de seus desejos e então na sociedade

---

[116] Shiva Vandana desenvolve uma análise materialista das tecnologias de reprodução no Terceiro Mundo, como responsável pela naturalização das mulheres e das crianças de sexo feminino.

[117] Especialmente, Maria Mies e Shiva Vandana, em *Écofeminisme*, op. cit., defendem uma posição complexa articulando essencialismo e materialismo.

em seu todo. Entre a radicalidade irônica do ciberfeminismo e o alarmismo ecofeminista se constrói uma necessidade de politizar a filosofia da técnica, não para rejeitar toda ontologia, mas para pensar uma alternativa para a ontologia clássica. É forçoso constatar que o *cyborg* de Haraway não é mais uma ficção. Devemos, segundo ela, assumir a responsabilidade de nossa capacidade transformadora, que também não é mais claramente dividida em termos de gênero. Não devemos deixar se estabelecer uma divisão dos gêneros quanto a esta capacidade transformadora.

Para muitos, na filiação de Martin Heidegger, a técnica "não passa da concreção operatória do projeto de domínio absoluto e totalitário característico da metafísica". Como fazer para guardar uma perspectiva crítica em relação ao *fazer* técnico, se não for analisando os atores e as relações de poder subjacentes às consequências do fazer técnico, em uma sociedade cujas representações dos atores da sexualidade permanecem majoritariamente ligados ao masculino? O paradoxo consiste em que a técnica apaga a diferença sexual como determinação primeira, a partir do momento em que os embriões são delocalizados do útero das mulheres em direção às caixas de Pétri. A questão de saber se as tecnologias da reprodução são realmente um meio de alargar a escolha das mulheres é colocada em questão ao mesmo tempo pelas ecofeministas e as ciberfeministas. Segundo elas, as técnicas tornam as mulheres passivas em face dos experimentos médicos que não hesitam em declarar que os bebês de proveta são superiores às *crianças banais*, concebidas e nascidas de modo selvagem. Se estas novas escolhas implicam uma perda de referências simbólicas, elas devem ser, pragmaticamente, uma perda de domínio para os dois sexos e uma responsabilização unissex da dimensão construtiva da fabricação de criança. Poder-se-ia então falar de cinismo do projeto parental. Uma perspectiva de gênero pode nos oferecer um olhar novo? O olhar de Donna Haraway sobre as tecnociências é um olhar que não tem medo de revolucionar a antropologia pela técnica. Ela parte da questão clássica da legitimidade – da possibilidade biotecnológica – de *manipular a natureza humana*, e quer posicionar-se neste programa em termos ético-políticos. As duas visões da filosofia da técnica em conflito são, por um lado, a visão articulada pelos engenheiros e, por outro, a visão articulada pelos humanistas. Nenhum parece responder as questões políticas colocadas pelas feministas. Haraway recusa a utopia do melhoramento das biotecnologias, repetindo um discurso reducionista que não deixaria lugar senão aos mais fortes. Ela preconiza, para além das repetições dos modelos de opressão e de alienação, uma forma de esperança em que o nascimento e a fabricação do humano não seriam necessariamente antinômicos, como o foram as noções de feminino e de masculino. Esta maneira de desfazer a oposição entre organismo e máquina, natureza e tecnologia, em uma perspectiva bastante próxima da sociologia da inovação,[118] coloca com uma distância irônica as questões filosóficas agudas sobre o vir a ser do humano como fabricação tecnonatural através das técnicas de reprodução assistida.

A via em direção da revolução tecnológica não pode, em uma perspectiva de gênero, repousar sobre uma politização unilateral da técnica. Ou, pelo menos, trata-se para nós hoje

[118] Seus representantes francófonos são especialmente Madeleine Akrich, Michel Callon ou Bruno Latour.

de saber como a técnica pode tornar-se um instrumento político de emancipação do corpo, do pensamento dualista para todas e todos. Para Donna Haraway, nos tornamos cruelmente conscientes do sentido que representa um corpo historicamente constituído. Mas, com a perda da crença na inocência de nossa origem, não temos mais necessidade de imaginar uma expulsão do jardim do Éden, nem de continuar a esperar um retorno. Com que poderia assemelhar-se outro mito político?, se pergunta ela. Qual tipo de discurso político poderia incluir construções parciais e contraditórias, construções pessoais e coletivas de si, permanecendo fiel aos ideais de um feminismo engajado socialmente? Este pensamento nos convida a mostrar "como podemos gerar um novo imaginário político que poderia nos dar lugar nesse mundo fragmentado e em perpétua reconstrução, no qual somos colocados e em que nos colocamos",[119] ao integrar as mulheres aos dois universos da ciência e da tecnologia. Porque ciência e tecnologia são ferramentas essenciais que remodelam nossos corpos. Ela nos convida a interpretar as biotecnologias como formalizações, quer dizer, como "momentos congelados dos fluidos sociais e das interações que o constituem, elas devem também ser vistas como instrumentos, recriar significações". Mitos e ferramentas se constituem mutuamente, porque a ciência das comunicações e a biologia contemporânea são construídas por um mesmo movimento: a tradução do mundo em um código, a pesquisa de uma linguagem comum em termos de paradigma, a partir do qual toda resistência ao controle instrumental desaparece

[119] Donna Haraway. *Simians, cyborgs and women*. Op. cit.

e toda heterogeneidade pode ser submetida ao desajuntamento, ajuntamento, investimento e troca. Estamos sensibilizados pelo fato de que as novas tecnologias nos concernem mais do que a reprodução humana; a biologia como potência da engenharia para remodelar os materiais tem implicações revolucionárias para a indústria; as ciências da comunicação e a biologia são lugares de construção de objetos tecnonaturais de saber, para os quais a diferença entre máquina e organismo está sistematicamente embaralhada. Espírito/corpo/ferramenta se tornaram termos intercambiáveis. A organização material da produção e reprodução da vida cotidiana, e a organização simbólica da produção e reprodução da cultura e do imaginário parecem implicadas de maneira igual. As imagens de base e a superestrutura do público e do privado, o material e o ideal, nunca tiveram o ar tão fraco para marcar as fronteiras de uma necessária análise. Esta reflexão é baseada na constatação de fronteiras muito permeáveis entre materialismo e realidade simbólica, quer dizer, entre a produção e a reprodução. Em termos biológicos, homens e mulheres são submetidos às determinações naturais. Não podendo ser livres, eles estão condenados a fazer da técnica sua aliada. A esperança que destila Donna Haraway supõe uma relação que não distingue a técnica do político, que não pressupõe distinção fundamental entre o humano e o não-humano, o masculino e o feminino. Ele abre possibilidades de realidades alternativas que não seriam contra a natureza, diferentes da visão performativa da Natureza. Essas outras figuras possíveis teriam efeitos libertadores para com a narrativa única da reprodução biológica. A ilusão que faria do útero tecnonaturado a resposta à questão do nascimento e do renascimento na liberdade não pode, contudo, repousar unicamente sobre a técnica. O próprio pai da cibernética dizia: "Não, o futuro não oferece senão um pouco de esperança àqueles que contam com o que nossos escravos mecânicos nos prodigalizam, um mundo em que poderíamos abrir mão de pensar"![120]

[120] Norbert Wiener. *God & Golem Inc. Sur quelques points de collision entre cybernétique et religion.* Traduzido do inglês por Christophe Wall-Romana e Patrícia Farazzi. Mînes: L'Éclat, 2000.

6
A ectogênese, utopia de quem?

Tratar-se-á, neste último capítulo, de lançar um olhar crítico, do ponto de vista das feministas plurais, sobre a utopia da ectogênese. O que nos diz esta etapa da *libertação do determinismo das mulheres* para umas, ou da *privação do privilégio último das mulheres*, o poder de engendramento, para outras? A questão essencial é, todavia, que o discurso utópico de libertação da sujeição do corpo só volta a agradar a todos através do prisma biotecnológico. Ele vem lembrar às mulheres e aos homens, para além de todas as divergências filosóficas, que nada é mais político do que seus corpos. O processo de delocalização de embriões em direção à fabricação maquinal de crianças não é inelutável, ele é um possível. Ainda aí, ele não segue o destino do declive deslizante, porque outros possíveis processos são abertos, que lhe resta imaginar e contextualizar. Mostraremos que esse processo se desenrola em nome da libertação das mulheres, mas que corre o risco, se ele é vivido na passividade e não no projeto, de vir a ser uma nova forma de servidão voluntária.

A ectogênese, da ciência-ficção à realidade clínica?

O livro de Henri Atlan, intitulado *O útero artificial*[121], deu muito que falar e provocou surpresa, ao passo que o interesse pela questão do útero artificial (UA) aparece já nos anos 1920, como ele sublinha, no romance do biólogo John B.S. Haldane. Este, imaginava que em 2073 mais da metade da população seria reproduzida artificialmente. Atlan se interroga igualmente sobre o que foi, para a ciência-ficção, a *ectogênese*, neologismo criado por Haldane. Hoje, a questão ultrapassa a ciência-ficção e torna-se uma questão médica, filosófica e bioética feminista. Ela poderia, em certas condições, tornar-se, em menos de um século, uma realidade, sem que se tenha realmente refletido sobre riscos da *mother machine*. A perspectiva eugenista de Haldane[122] foi denunciada

[121] Henri Atlan. *L'utérus artificiel*. Paris: Le Seuil, "La Librairie du XXIe siècle", 2005.

[122] Em *Daedalus* estamos em 2073, e 70% da população foi criada artificialmente. Nessa narrativa, dois médicos retiram os ovários de uma mulher falecida em um acidente de avião e o conservam em uma solução. Haldane esperava que esta técnica permitisse selecionar pais performáticos, o que exigiria certos sacrifícios por parte das mulheres. Ele pensava que as mulheres não se oporiam a esse melhoramento da raça humana porque ele seria um benefício para toda a sociedade. Na época, tratava-se, igualmente, de dissociar reprodução e prazer sexual. A sexóloga australiana Norman Haire defendia que a ectogênese associada à esterilização feminina (*sic*) libertava homens e mulheres da necessidade do casamento e permitia ter acesso ao prazer sexual sem correr o risco da gravidez. Certas mulheres deviam ser selecionadas como reprodutoras. A primeira mulher a reagir na época foi Vera Brittain que, em um romance de ciência-ficção, *Halcyon or the future of monogamy*, publicado em 1929, denunciava o perigo dessa máquina para os fetos que se vendiam às mulheres, para evitar os sofrimentos do parto ou como meio de não mais temer a menopausa.

por Aldous Huxley, em *O melhor dos mundos,* e só reapareceu nos anos 1970, na época daquilo que se chamava o *eugenismo privado*, tornado possível pela AMP (assistência médica à procriação). Se a ectogênese é apresentada em Huxley como uma condição necessária da organização social eugenista, Atlan nos anuncia desde *As centelhas do acaso* que "o processo de planificação positiva está a caminho e corre o risco de ir muito mais longe, com menor ou maior escala, em uma separação total entre procriação e sexualidade. As crianças seriam, então, produzidas desde o início – fecundação *in vitro*, clonagem – até o fim – por gestação artificial – fora do corpo das mulheres".[123] Isto, nos diz ele, acompanharia a libertação da humanidade de sua condição.

Mas esse é o desejo das mulheres? O debate utópico em torno do útero artificial reanima nas feministas uma tentativa de pensar teoricamente uma alternativa ao determinismo biológico redutor, no qual elas são mantidas ao confundir reprodução e filiação, reprodução e maternidade. Este antideterminismo data de uns vinte anos atrás. Ele está muito presente no discurso da cibercultura, vendo nas biotecnologias uma maneira de remodelar o destino das mulheres do futuro. O que nos interessa mais precisamente aqui é a razão de seu interesse repentino, ao passo que a lei sobre o aborto está em perigo na maioria dos países da Europa central, e que alguns cientistas trabalham muito seriamente na atualização de um útero artificial. O UA é apresentado como a simples sequência lógica da pesquisa sobre a procriação assistida, que delocalizou o embrião do corpo das mulheres em direção às caixas de Pétri, até

[123] Henri Atlan. *Les étincelles de hasard.* T. I. Paris: Le Seuil, "La Librairie du XXe siècle", 1999, p. 18.

prometer, hoje, uma libertação das mulheres, graças ao útero artificial, que não seria senão uma incubadora precoce para o embrião. Ele poderia também tornar-se uma simples prótese, em caso de ausência de útero, mas cujas consequências ontológicas seriam generalizadas em todas as mulheres, já que o fato da dissociação entre reprodução e maternidade desbiologizaria a função materna. Donna Haraway abordou essa questão com humor no capítulo 5 de *Modest witness*[124], intitulado "The virtual speculum in a new world order", ao citar a canção de Paul Simom *A boy in a bubble*, na qual o feto aparece como um *cyborg*, "ícone da família, da nação, da origem da escolha, da vida e do futuro".[125] O socialista Paul Eden via na época, nessa máquina, a esperança de destruir a família como unidade econômica e permitir a independência das mulheres, mas ele considerava que seria difícil privar as mulheres do laço com sua progenitura. Pelo contrário, o filósofo Anthony Ludovici e Aldous Huxley imaginavam graves consequências. Ludovici temia que os homens se tornassem inúteis, ao passo que Huxley interrogava o desejo dos homens de fazer melhor do que a natureza. Para este último, o útero artificial conduziria a conflitos de classes entre aqueles que teriam sido artificialmente fabricados e aqueles que teriam permanecido *selvagens*.

---

[124] Donna Haraway. *Modest_Witness*... Op. cit.

[125] "In many domains in conteporary European and US cultures, the fetus functions as a kind of metonym, seed crystal, or icon for configurations of person, family, nation, origin, choice, life and future". In: Donna Haraway. *Modest_Witness*..., op. cit., p. 175.

A segunda onda

Em face do desenvolvimento da AMP, coincidindo com o feminismo militante e radical dos anos 1970-1980, Shulamith Firestone[126] defendia essa técnica porque ela desenvolvia um individualismo criativo no qual as mulheres poderiam participar, graças a essa máquina. A ectogênese é para ela uma alternativa louvável para a gestação uterina, pois ela enfraquece o laço biológico entre mãe e criança ou, em todo caso, o desnaturaliza. Edward Crossman defendia a mesma ideia ao pedir às mulheres para reconhecerem a maravilhosa tecnologia que os homens lhes ofereciam. Ele via na ectogênese um formidável meio de melhorar a medicina fetal, de imunizar os fetos dos miasmas do útero e, sobretudo, de impedir os abortos, frequentes na reprodução natural.

O debate feminista, se bem que prospectivo, data dos anos 1920. Donna Haraway é uma das teóricas do ciberfeminismo mais interessantes sobre esse ponto, ao passo que os feministas materialistas, especialmente Gena Corea, não vê aí senão um perigo para a ideia do Mesmo, do feminino como Outro. Os três objetivos da pesquisa sobre a ectogênese[127] a definem como "gestação no interior de uma máquina que tende a simular as condições do útero e que age como se ela fosse uma mãe".[128] Trata-se, desde então, de:

---

[126] Shulamith Firestone. *The dialectic of sex: a case for feminist revolution*. Londres: The Women's Press, 1979, p. 221.

[127] Disponível para consulta no site do programa de história da filosofia das tecnologias da Universidade de Standford, citado na nota seguinte.

[128] I. Aristarkhova. "Ectogenesis and mother as machine". In: *Body and Society*. Vol. 11 (3), 2005, p. 43-59.

1. Retirar o corpo materno do processo reprodutivo, a partir da hipótese segundo a qual o útero feminino não seria senão uma incubadora inteligente.

2. Consolar as mães de sua função reprodutiva, o que lhes permitiria passar mais tempo em seu desenvolvimento pessoal.

3. Oferecer um acesso e um controle do processo de concepção-gestação e do nascimento a qualquer estado, permitindo intervenções químicas e um monitoramento precoce do desenvolvimento pré-natal.

Esses argumentos são paradoxalmente recorrentes ao mesmo tempo entre os cientistas que trabalham no útero artificial e certos feministas acadêmicos não maternalistas. Ele está quase ausente do debate público atual, para o qual o UA pertence à ciência-ficção. Os riscos da pesquisa no embrião, como mostrou particularmente Donna Haraway, tornaram-se estranhamente um ícone da autorreprodução, ao mesmo tempo em que eles são objetos de debates ontológicos de outra época sobre o estatuto do embrião. Esse paradoxo põe em cena um conflito entre argumentos epistemológicos e argumentos ontológicos, complexos, é verdade, mas cujos efeitos políticos são muito concretos, especialmente no que diz respeito aos direitos reprodutivos das mulheres e a representação da filiação biológica e psicossocial. Esse último seria da alçada dos direitos subjetivos para os países que adotaram uma despenalização do aborto, mas voltam a tornar-se questões de direito público, através das leis de bioética nacional ou internacional regulando a pesquisa sobre as células-tronco embrionárias, saídas da fecundação *in vitro*. As regulamentações oferecem muitos cenários ligados ao estádio de desenvolvimento do embrião e à finalidade de sua utilização, mas, sobretudo, à eficácia terapêutica dessas células embrionárias. O determinismo tornaria as mulheres guardiãs acidentais dos embriões, mas, principalmente, não proprietárias, permitindo assim a intrusão dos vigias dos corpos para recuperar o que pertencia à natureza e não às mulheres.[129]

A genômica corre o risco precisamente de recolocar em questão o que, para alguns, dá um valor enorme ao embrião, e é da alçada de uma filosofia essencialista da natureza. A questão filosófica que nos interessou foi a de saber se a heterogeneidade entre ciências humanas e ciências da natureza é inevitável. A questão subsidiária é a de saber se um compromisso é possível entre essas epistemologias heterogêneas ou se é preciso admitir pensar a revolução que supõe a genômica em termos de representação do humano. Se o político se desse por papel manter uma ordem hierarquizada e sexuada, e que a clonagem reprodutiva, se bem que tecnicamente possível, torne-se, graças a ficções jurídicas, impossível, outro problema deveria ser resolvido.

A criança fabricada, não tendo sido carregada por uma mãe, mas por uma máquina, e não podendo ser recusada como não pertencendo biologicamente à espécie humana, outro motivo de exclusão deveria ser inventado. Seria preciso fazer um pária, paradoxalmente um ser excluído do direito de

---

[129] Seria apaixonante desenvolver aqui uma antropologia jurídica do corpo a partir da despenalização do aborto, para mostrar como essa concessão feita às mulheres transtornou a noção de propriedade do corpo.

nascer: ele transgrediria a naturalidade biológica e corporal da reprodução humana. Como adaptar, em face do que poderíamos chamar de um golpe de estado paternalista, reputado como protetor da humanidade contra a pós-humanidade, o direito a uma medicina reprodutiva, para o qual o processo de geração é, de fato, cada vez menos do domínio da natureza e cada vez mais da tecnocultura?

A clonagem, mais do que a ectogênese, é, como vimos, o sintoma mais midiático de mudança de paradigma sobre as representações da *natureza humana* e da filiação biológica. Ele reaviva a questão do lugar do direito natural na cultura democrática, mas também o limite desse debate em um mundo em que a democracia e a liberdade permanecem um privilégio, em relação ao determinismo biológico que seria universalmente compartilhado. É assim que a democracia participativa torna-se por inferência uma violência à natureza, conforme todos os defensores do discurso essencialista, indo dos fundamentalistas religiosos aos essencialistas ecológicos ou feministas maternalistas.

As pessoas saíram de histórias das quais elas se esforçam, para além de seus determinismos biológicos, para serem as autoras e não as executantes. Além disso, os conhecimentos biotecnológicos nos fizeram passar da era do acaso do nascimento àquela da difícil responsabilidade, para as mulheres, da escolha de conduzir ou não ao fim uma gravidez.

Da AMP à ectogênese

Vimos que a procriação dessexualizada fez vacilar a ordem jurídica e política, já que a criança não é mais obrigatoriamente concebida ou produzida no ventre de sua mãe e que seus pais biológicos podem ser mais do que dois, e que não basta mais ser dois para fazer uma criança. Aqui, a ambiguidade maior do discurso se alimenta da assimilação entre as representações do engendramento e da filiação. A retirada que delocaliza os embriões, o congelamento, a manipulação fora do corpo das mulheres, a inseminação por doação, o dom dos embriões..., tudo foi aclimatado no debate público, mas a ectogênese que, seria a sequência tecnicamente lógica e mais precoce da incubadora, provoca ao mesmo tempo fascinação e horror. Essa técnica permitiria perturbar a separação entre reprodução e filiação, até mesmo minimizar a hereditariedade biológica na fabricação de crianças?[130]

Essa mudança de paradigma cria angústia, mais do que o modo de fabricação julgado imoral, porque diz respeito a uma criança que não teria nascido de uma mulher? A técnica permanecendo experimental, não podemos especular, conduz necessariamente a um discurso desconfiado e reificado. E já que este outro que seria a criança nascida de uma máquina não pode responder nem se defender diante do tribunal, quem lhe

[130] Conferir a este respeito Jean-Jacques Kupiec e Pierre Sonigo. *Ni Dieu ni gène. Pour une autre théorie de l'hérédité.* Paris: Le Seuil, 2000. Eles mostram como a genética quebra o laço material que liga os ancestrais a seus descendentes e substitui aí um laço virtual.

atribuiria ou lhe recusaria o estatuto de pessoa jurídica?[131] Mas, paradoxalmente, o guardião da criança não pode mais ser a mãe, porque confundiríamos a ectogênese e mães portadoras. Se uma mulher pode produzir uma criança para outra mulher, não se deduz que uma máquina possa igualmente fazê-lo, sem se colocar a questão da responsabilidade das crianças que nascerão, que não seria nem ligada à máquina, nem à mãe ou ao pai, mas a uma miríade de intervenções exteriores. Isso exigiria repensar as condições de filiação com os pais biológicos ou sociais dessa criança fabricada por uma prótese exterior. Mas prótese de quem? As crianças da FIV sofreram essa mesma exclusão especulativa, mas a reimplantação do embrião no útero da mulher recolocava ordem nas representações de outrem.[132] A paternidade e a maternidade intencionais não deviam, para os dois sexos, ser tão importantes quanto o parentesco biológico ou social?

Por que o artificialismo da intenção não seria socialmente mais significativo do que a partilha de um patrimônio genético, como revelou o juiz do caso Buzzancca[133] (com seis pais potenciais), que forneceu assunto exclusivo para a crônica nos

---

[131] É interessante notar, aqui, que a maternidade é descrita por Levinas em *Autrement qu'être* ao mesmo tempo como capacidade de ser responsável para outrem a partir do acontecimento do afeto, e como capacidade de ser outro, sendo a si mesmo (p. 137), o que é em si um desafio para a ectogênese, que não mantém senão uma alteridade biológica e torna caduca a relação.

[132] Ibid., p. 169.

[133] Não me refiro aqui à conferência dada por Marcela Iacub em 19 de março de 2004 no *Collège de Philosophie*, sobre o caso Buzzancca, mostrando que o artificialismo da maternidade precedeu as técnicas medicalizadas da reprodução.

Estados Unidos? A questão da reprodução extrauterina pode ser abordada por vários vieses, e é precisamente, me parece, a confiscação da pluralidade dos jogos de linguagem por uma moral essencialista que reduz a representação da criança não uterina a um ser não humano por princípio, e que empobrece o conceito de humanidade ao limitá-lo ao que é, sem abertura reflexiva sobre o que poderia ser. Vimos quanto a questão do lugar do embrião iconizado para ser feito membro da cidade implica ao mesmo tempo a bioética, o biodireito e a biopolítica feminista, naquilo que ela cria um pseudoconflito de interesses entre direitos reprodutivos das mulheres e direito do nascimento das crianças de amanhã. Parece, desde então, que nem o conceito de embrião, nem o conceito de pessoa, que se tenta associar à coerência dos direitos do homem, não possam ser definidos sem que sejam resolvidos os conflitos de interesses que visam, até ao absurdo, a sacrificar o embrião, mesmo fora do ventre das mulheres, como se devesse aparecer à cidade, da qual ele seria o prolongamento. Tentei sublinhar o *déficit* democrático do discurso bioético, se ele não é pensado como lugar do confronto dos riscos sociais complexos suscitados pelos avanços biomédicos. O desabamento das representações das mulheres como sendo definidas por seus úteros ou seus ovários força a repensar a maternidade. A ectogênese permitiria às mulheres pensarem-se de outro modo do que em seu destino de reprodutoras? Permitiria também ver esta determinação biológica da gravidez não somente como um destino biológico, mas como um poder que elas teriam a livre responsabilidade de escolher?

Atualmente, o risco da definição do estatuto do embrião é claramente um risco de poder para as mulheres. Sua definição não pode ser separada pelos cientistas e os essencialistas em uma cidade pluralista. O catastrofismo, apresentado como a última virtude moral, não pode permitir-nos pensar a amplitude do risco do desejo da ectogênese sem recolocá-la na história da reprodução humana de modo antropológico, como o fez recentemente Maurice Godelier em *Métamorphoses de la parenté*.[134] O argumento que apresenta o útero artificial como uma máquina para libertar as mulheres nos parece, todavia, ao mesmo tempo forte demais e fraco demais... É verdade, mas a incerteza é inerente à *démarche* científica, e os argumentos não são ainda muito claramente postos para permitir às mulheres se pronunciar sobre o impacto que tal máquina teria sobre suas funções sociais, muito frequentemente associadas a sua função biológica. Mas como passar da experiência de pensamento à experiência social? Não se pode pressupor que a resposta das mulheres a esta questão seja unânime, quando a própria diversidade das feministas nos leva a pensar o contrário. Trata-se, de novo, sempre no estado de uma experiência de pensamento, de redemocratizar o espaço público ao não confundir riscos hipotéticos, que são um convite para pensar, e riscos revelados, que convidam a agir para prevenir. O medo das consequências da ectogênese não faz intervir nenhuma hipótese sociopolítica de revisão dos determinantes dos papéis sociais, mas faz ressoar (por falta de raciocínio) medos do passado no presente, sem permitir se premunir de eventuais utopias ou catástrofes projetadas no futuro.

---

[134] Maurice Godelier. *Métamorphoses de la parenté*. Paris: Fayard, 2004.

Nesse debate, todavia, a naturalização pela técnica da fabricação de crianças faz parecer a função reprodutiva não mais como necessária, mas contingente. O desejo de substituição do corpo materno deve ser levado a sério, pois o determinismo biológico não pode apenas guiar nossas escolhas. Devemos, cada um e cada uma, nesse conflito inerente a toda escolha incerta, promover ou prevenir o desenvolvimento de uma máquina que permita romper o laço causal entre maternidade e gravidez, maternidade e feminilidade. Os maternalistas que resistem a isto deverão encontrar argumentos mais pertinentes do que a naturalidade, porque a própria possibilidade da ectogênese nos coloca em face da evidência de que somos não só seres biologicamente determinados, mas também e, sobretudo, sujeitos históricos. Estamos submetidos à emergência recorrente de difíceis liberdades que nos é preciso decidir, sem ingenuidade, sobre o desaparecimento da assimetria das relações de sexo que uma mãe-máquina poderia anular, reduzindo de modo mais caricatural ainda a maternidade, a maternidade biológica!

Nem a contracepção, nem o IVG não tiraram das mulheres a prerrogativa de procriar. Resta verificar se o útero artificial, para além de suas dimensões paliativas, responde a um desejo das mulheres e não a riscos econômicos de produção de crianças em uma sociedade envelhecedora, incapaz de assumir a substituição do modelo patriarcal em face das sirenes da desnatalidade. A pertinência da ectogênese deverá então ser pensada ao mesmo tempo no contexto e na sincronia de sua evolução, desde a delocalização do embrião até o nascimento em vista de AMP, até a ectogênese que dá uma autonomia ao embrião sem segurança que ele possa vir a ser uma pessoa jurídica. Os regulamentos bioéticos que protegeriam assim esta solicitude jogariam duplamente no mundo este ser nascido de uma máquina sem que ele possa, em sua dependência, existir fora do projeto de outrem, e sem que seu incubador não seja determinado sexualmente. Para além da performance técnica, a fabricação de crianças por ectogênese exigiria, todavia, uma ancoragem. Se ela não passa pela mãe e seu corpo, que, no momento da gravidez, é afetado, como malgrado ela, à responsabilidade da criança, permanece difícil imaginar o que poderia fazer deste ser assim re-produzido um indivíduo mais maduro. Como seria capaz de sobreviver ao desmame de uma máquina, sem que não seja assegurado um laço com a mãe ou com um pai social, de outro modo que por uma decisão que não engaja o corpo, como foi o caso para as mulheres de substituição, que vimos recusar *entregar a criança* em nome de um laço estabelecido durante a gravidez? Esta experiência de pensamento nos revela talvez a importância *do que pode o corpo* (Espinosa) na experiência da intersubjetividade e da responsabilidade social e biológica dos corpos. Talvez compreenderíamos o que ativa o processo de *reconhecimento* [re-co-naissance] e de engajamento para com a vulnerabilidade de um ser dependente ou, ao contrário, descobriríamos que a intersubjetividade não pressupõe a gestação? A questão permanece a de saber se a filiação biológica seria suficiente para provocar o apego *filial*, ou se o paradoxo revelava que, querendo desbiologizar o determinismo da filiação, esse incubador reduziria o parentesco unicamente ao laço biológico.

Parece claro que querer atribuir ao embrião precoce o estatuto de cidadão, uma pessoa que tem direitos, conduz a deslocar a oposição, tornada factícia, entre parentescos biológicos e sociais, para inventar um parentesco jurídico. Desde então, apenas a responsabilidade individual do engajamento intencional para com uma criança que nascerá pode assumir uma pertinência para com um quadro regulador ao oferecer-lhe uma proteção contra toda forma de experimentação ou de instrumentalização do nascimento.

Impressão e acabamento
Gráfica e Editora Santuário
Em Sistema CTcP
Rua Pe. Claro Monteiro, 342
Fone 012 3104-2000 / Fax 012 3104-2036
12570-000 Aparecida-SP